JN109915

ライブラリ 新数学基礎テキスト Q4

レクチャー 応用解析

微分積分学の展開

三町 勝久 著

サイエンス社

編者のことば

　「万物は数である」とのピタゴラスの言葉はいまからおよそ 2500 年前のものです．今日の情報セキュリティの根幹を担っている公開鍵暗号もピタゴラスの時代にすでに研究されていた"素数学"に基づいています．いまや，AI やIoT という言葉を目や耳にしない日はありません．人々がピタゴラスの言葉を実感する時代になったのでしょう．同時に，データがいわば面白いぐらいに多く集められ蓄積される今日は，データドリブンな科学の時代であると言われています．しかしこのことは，伝統的な科学研究の方法である演繹的推論が不必要であることを意味しているわけではありません．計算機やインターネットの飛躍的進歩で，帰納的手法であるデータドリブンな科学の重要性が格段に大きくなったのです．本ライブラリで読者に提供しようとしているのは，これら双方を見据えた数学の基礎です．

　数学はこれまでも物理学に多くの言葉や手法を提供してきました．ガリレオガリレイの言葉「宇宙は数学語で書かれている」を思い出します．また，アインシュタインは特殊相対論の構築の際，すでに必要な非ユークリッド幾何が，自然現象の解明とは別に人間の頭のなかで考えられ構築されていたことに驚きを隠しませんでした．いまなお，数学がどうしてかくも役に立つのか，その理由を論理的に説明する知恵を人類はもっていません．しかし，データサイエンスといわれる時代，もはや物理学，化学，経済学のみならず，数学からは遠いと思われていた生物学や生命科学の研究においても，対象のモデリングなどを通して数学の有効性が明らかになってきています．

　本ライブラリは，"万物は数"が実感される新時代の理工系分野の大学生のための数学のテキストとして編まれています．今後，量子コンピュータが実現し，データサイエンスのさらなる革新が進むときがきても，本ライブラリにおける数学は，読者が必要な次の一歩を進める大きな糧になるでしょう．教科書としてはもちろん，自習書としても十二分に使えるよう工夫をしました．たとえば各巻の著者は，豊富な例を用いた簡潔な説明に努めました．

　さぁ，ノートとペン，ときにはパソコンを横に，慌てず丁寧に勉強を進めていってください．

2019 年 4 月　　　　　　　　　　　　　　　　　　　編者　若山正人

は じ め に

　本書は解析学の基礎としての微分積分学を学び終えた学生が理工学諸分野の学習に進むために必要な内容を半期 15 週の授業で学ぶための教科書である.

　話題は,「物理数学」,「工業数学」,「応用数学」,「応用解析」などの授業で扱われる,ベクトル解析,微分方程式,複素関数論の 3 つ.

　第 1 章から第 4 章がベクトル解析,第 5 章から第 7 章が微分方程式,第 8 章から第 10 章が複素関数論である.

　ベクトル解析は流体力学や電磁気学に必要不可欠であり,微分方程式は理工学のあらゆる分野の基本法則を記述することに用いられ,そして,複素関数論（簡単に関数論ともいわれる）は,流体力学などの定式化に用いられるいっぽう,応用解析としての数学の理解を深めるための枠組みを与える.ベクトル解析と微分方程式は微分積分学の上に積み上げるものであるのに対して,複素関数論は微分積分学を積み直すものである.

　単純に考えれば,これら 3 つの話題すべてを半期 15 週で学ぶには,ベクトル解析,微分方程式,複素関数論それぞれに 5 週を割り当てることになるし,3 つの話題のうちの 2 つを取り出して,「ベクトル解析と微分方程式」または「ベクトル解析と複素関数論」または「微分方程式と複素関数論」という内容で学ぶには,それぞれの話題に 7.5 週を割り当てることになる.いずれにしても,半期 15 週で学ぶことを考えて,扱う内容を大胆なまでに絞り込んだ.少なくとも原稿段階では均等割して,それぞれがピッタリ 60 頁ずつの総計 180 頁である.あとは,それぞれの学科や専門分野における重要度を考慮しながら,項目の取捨選択や学習の力点を調整することによって,3 つすべての話題を扱う場合の教科書としても,選ばれた 2 つの話題を扱う場合の教科書としても使用できるようになっている.

　もちろん,本格的な教科書を読むための準備として自学自習するためのものとしても役立つはずである.

　3 つの話題の記述は基本的にはお互い独立しているので読む順序は自由であ

る．ごく一部で他の話題での説明を引用しているが，索引を活用して該当箇所を読めば十分なはずである．

　なお，本書では，定理の証明は殆どない．これは，本ライブラリの書き手に要請された条件である．かなり無茶な要求ではあったが，証明が無いからこそ見えてくる道筋を明快に説明するよう努めた．定理の意味が理解できて，定理を運用するには十分となる学力が付くよう，特別な設定での運用例を詳細に説明したので，このままで役立つことはもとより，将来，いずれかの文献によって証明を読む際の準備にもなると思う．

　以下，3つの話題に対する本書における扱いについて簡単な注意を与える．

　ベクトル解析においては，その微分幾何学的な側面は一切省いた．また，ベクトル解析における多重積分の果たす役割は大きいが，本書では，多重積分の計算に関する解説は省いた．これをやりだしたら60頁では到底収まらなくなってしまうし，多重積分は微分積分学の守備範囲であるので，すでに十分習熟しているものと仮定した．理解が不十分と思う読者は拙著「微分積分学講義［改訂版］」（2016年，日本評論社）の第2章「多変数函数の積分法」での学習を勧める．物理や工学諸分野の専門書に早くトライしたいが大学での微分積分学を系統的に学び終えてないという人や，背伸びしたい高校生にとって，拙著での多重積分の学習は最短距離であると思う．高校の数学 III さえ学んでいれば，すぐさま第2章を読んで分かるように設計されている．

　微分方程式については基本的には常微分方程式しか扱っていない．また，いわゆる存在・一意性に関する議論は一切省いた．そのぶん，複素領域の微分方程式へ接続することを期待しつつ（しかし，ここでは微分積分学の延長として実数変数・実数値関数の場合として書かれている），いわゆる特殊関数が満たす微分方程式としての特殊微分方程式を採りあげた．応用面ではたいへん重要であるにもかかわらず，類書ではあまり詳しく論じられていないようなので，これは本書の特徴の一つかもしれない．計算は丁寧に与えてある．複素関数論を学び終えた後，もういちど，複素変数・複素関数の眼で第7章を読み返すと有益だと思う．また，連立型の微分方程式についてのジョルダンの標準形を基礎にした組織的な話の展開は一切省いた．それは別の機会に改めて学習するのが望ましいと判断した．したがって，類書でしばしば採りあげられる力学系についても，その一切が省かれている．

　なお，第1章から第7章が実数変数・実数値関数としての話題，第8章から第10章が複素数変数・複素数値関数としての話題であるが，それぞれの章においては，単に「変数」や「関数」としか書かれていないことが多いので注意して欲しい．

　複素関数論は，いわゆる「留数解析」を目標として，それに直接関連しない話題は大胆に削り落とした．したがって，等角写像，一次変換，無限遠点における関数の挙動，無限積，楕円関数およびテータ関数については一切省いた．また，リウヴィルの定理のようなコーシーの積分公式から導かれる有名定理は，それ自身，非常に大事ではあるが，この本では，その紹介に留めた．この先，複素関数論がどのような世界とつながっていくかを想像していただくための付録のようなものなので，「留数解析」へ早く進みたい人は，一切を省いてよかろう．

　このように大胆に話題を絞ることで，「留数解析」という目標達成のための最短ルートを示したつもりである．実をいうと，ほんとうに「留数解析」のことだけしか考えなければ，さらに短くできる．ただ，ひとくちに「留数解析」といっても，どこかに書かれた定積分の計算を辿れるようになればよいだけなのか，すでに知られているかどうかわからないような定積分を自分で考えなければいけないのかによって何を装備しなければならないかは当然違ってくる．しかし，本書は，どのような目的での「留数解析」であっても，その装備をきちんと整えられるように設計してある．

　正則関数の定義については，ある領域で微分可能な関数を正則関数とする流儀と，ある領域でその導関数が連続な関数を正則関数とする流儀があり，歴史的には後者が古い定義であるが，本書では前者を採用した．本書では証明を与えないということを考えると，どちらでも良いようであるが，片方にはっきり決めておかないと，話の筋が見えなくなることもあって，とにかく，そのようにした．ただ，本文でも触れているが，どちらの定義を採用したとしても，最後は，同じところに落ち着く．つまり，両者は同値であることが知られている．

　複素関数論の対象となる正則関数の世界は微分積分学での対象と比べると非常に狭い．ところが，不思議なことに，応用解析での多くの対象ひいては自然界のさまざまな事象が，この狭いはずの正則関数によって制御されているという現実がある．そして，いっぽうで，正則関数ならではの美しい調和的な世界が出現する．この妙味を堪能できるのは複素関数論ならではのことであって，

微分積分学に留まっていては全く味わえないものである.

　章末問題は発展的な問題なので, これらは余裕ができたときに取り組めばよい. 本文を理解するためには, 必ずしも, 章末問題を解くことを想定していないので安心してよい. いっぽう, 本文中に配されている問は基本的なものばかりなので, 本文の理解の確認のためにも全てに必ず取り組んで欲しい. ただし, 第5章と第6章の問についてはその限りでない. 一部を解けばよいだろう. 問と章末問題の解答については, 主なものを抜粋して載せているので役立てて欲しい.

　ε-N 論法ならびに ε-δ 論法が必要な議論は意識的に避けた. 良くも悪くも, その程度の厳密性により論を進めることにした.

　本書を著すにあたり, 木本一史, 鷲見直哉, 原岡喜重, 三町隆一郎, 山田泰彦, そして, 若山正人の各氏からの意見, 感想, 原稿の確認など, さまざまな形で, お世話になりました. また, サイエンス社の田島伸彦氏をはじめ編集部の鈴木綾子さん, 西川遣治さんには, 原稿作成の遅れを辛抱強く待っていただいたことに始まり, 数々の間違いを正していただくなど大変お世話になりました. いずれにしても, 皆さんのおかげで, この本ができあがりました. ここに謹んで感謝の意を表したいと思います.

　2021 年 4 月

三町勝久

目 次

第1章

ベクトルの代数

本章では，ベクトルの内積と外積の基本的性質を学ぶ．ベクトルの内積も外積も，ベクトル解析における出発点となる．

1.1 スカラー積

ベクトル $\boldsymbol{a} = (a_1, a_2, a_3)$, $\boldsymbol{b} = (b_1, b_2, b_3) \in \mathbb{R}^3$ に対する

$$\boldsymbol{a} \cdot \boldsymbol{b} = a_1 b_1 + a_2 b_2 + a_3 b_3$$

を**スカラー積**（scalar product）または**内積**（inner product）または**ドット積**（dot product）という．これについて，次が成り立つ．

(1) $\quad \boldsymbol{a} \cdot \boldsymbol{b} = \boldsymbol{b} \cdot \boldsymbol{a}$,

(2) $\quad \boldsymbol{a} \cdot (\boldsymbol{b} + \boldsymbol{c}) = \boldsymbol{a} \cdot \boldsymbol{b} + \boldsymbol{a} \cdot \boldsymbol{c}, \quad \boldsymbol{a}, \boldsymbol{b}, \boldsymbol{c} \in \mathbb{R}^3$,

(3) $\quad (\lambda\boldsymbol{a}) \cdot \boldsymbol{b} = \boldsymbol{a} \cdot (\lambda\boldsymbol{b}) = \lambda\boldsymbol{a} \cdot \boldsymbol{b}, \quad \lambda \in \mathbb{R}$,

(4) $\quad \boldsymbol{a} \cdot \boldsymbol{b} \geq 0$,

(5) $\quad \boldsymbol{a} \cdot \boldsymbol{a} = 0 \iff \boldsymbol{a} = \boldsymbol{0}$.

スカラー積は $(\boldsymbol{a}, \boldsymbol{b})$ と書かれることも多い．

例 ベクトル $\boldsymbol{a}, \boldsymbol{b}$ が $\boldsymbol{a} \neq \boldsymbol{0}$, $\boldsymbol{b} \neq \boldsymbol{0}$ かつ $\boldsymbol{a} \cdot \boldsymbol{b} = 0$ であるとき，$\boldsymbol{a}, \boldsymbol{b}$ は**直交**（orthogonal）しているという．　■

ベクトル $\boldsymbol{a} = (a_1, a_2, a_3)$ に対して，

$$|\boldsymbol{a}| = \sqrt{\boldsymbol{a} \cdot \boldsymbol{a}} = \sqrt{a_1^2 + a_2^2 + a_3^2}$$

を $\boldsymbol{a}$ の**長さ**（length）または**大きさ**（magnitude）または**ノルム**（norm）という．これについて，次が成り立つ．

(1)　　$|\boldsymbol{a}| \geq 0,$

(2)　　$|\boldsymbol{a}| = 0 \iff \boldsymbol{a} = \boldsymbol{0},$

(3)　　$|\lambda \boldsymbol{a}| = |\lambda||\boldsymbol{a}|, \quad \lambda \in \mathbb{R},$

(4)　　$|\boldsymbol{a} \cdot \boldsymbol{b}| \leq |\boldsymbol{a}||\boldsymbol{b}|,$

(5)　　$|\boldsymbol{a} + \boldsymbol{b}| \leq |\boldsymbol{a}| + |\boldsymbol{b}|.$

(4) をコーシー-シュワルツの不等式（Cauchy-Schwarz inequality），(5) を三角不等式（triangle inequality）という．

例題 1.1

(4), (5) を示しなさい．

【解答】　(4)　$\boldsymbol{a} = (a_1, a_2, a_3)$, $\boldsymbol{b} = (b_1, b_2, b_3)$ として，

$$(|\boldsymbol{a}||\boldsymbol{b}|)^2 - (\boldsymbol{a} \cdot \boldsymbol{b})^2$$

$$= (a_1^2 + a_2^2 + a_3^2)(b_1^2 + b_2^2 + b_3^2) - (a_1 b_1 + a_2 b_2 + a_3 b_3)^2$$

$$= (a_2 b_3 - b_2 a_3)^2 + (a_3 b_1 - b_3 a_1)^2 + (a_1 b_2 - b_1 a_2)^2 \geq 0$$

であるから，$|\boldsymbol{a} \cdot \boldsymbol{b}| \leq |\boldsymbol{a}||\boldsymbol{b}|$ である．

(5)　$\boldsymbol{a} = (a_1, a_2, a_3)$, $\boldsymbol{b} = (b_1, b_2, b_3)$ として，

$$|\boldsymbol{a} + \boldsymbol{b}|^2 = (\boldsymbol{a} + \boldsymbol{b}) \cdot (\boldsymbol{a} + \boldsymbol{b}) = \boldsymbol{a} \cdot \boldsymbol{a} + \boldsymbol{a} \cdot \boldsymbol{b} + \boldsymbol{b} \cdot \boldsymbol{a} + \boldsymbol{b} \cdot \boldsymbol{b}$$

$$= |\boldsymbol{a}|^2 + 2\boldsymbol{a} \cdot \boldsymbol{b} + |\boldsymbol{b}|^2 \leq |\boldsymbol{a}|^2 + 2|\boldsymbol{a}||\boldsymbol{b}| + |\boldsymbol{b}|^2 = (|\boldsymbol{a}| + |\boldsymbol{b}|)^2$$

であるから，$|\boldsymbol{a} + \boldsymbol{b}| \leq |\boldsymbol{a}| + |\boldsymbol{b}|$ である．　　　　　　□

例　長さ 1 のベクトルを**単位ベクトル**（unit vector）という．　　　　□

例　3 つの単位ベクトル $\boldsymbol{a}, \boldsymbol{b}, \boldsymbol{c}$ が互いに直交しているとき，$\boldsymbol{a}, \boldsymbol{b}, \boldsymbol{c}$ は $\mathbb{R}^3$ の**正規直交系**（orthonormal system）であるという．　　　　□

例　$\boldsymbol{i} = (1, 0, 0)$, $\boldsymbol{j} = (0, 1, 0)$, $\boldsymbol{k} = (0, 0, 1)$ は $\mathbb{R}^3$ の正規直交系である．実際，次が成り立つ．

$$\boldsymbol{i} \cdot \boldsymbol{i} = \boldsymbol{j} \cdot \boldsymbol{j} = \boldsymbol{k} \cdot \boldsymbol{k} = 1, \qquad \boldsymbol{i} \cdot \boldsymbol{j} = \boldsymbol{j} \cdot \boldsymbol{k} = \boldsymbol{k} \cdot \boldsymbol{i} = 0$$

□

コーシー–シュワルツの不等式 $|\boldsymbol{a} \cdot \boldsymbol{b}| \le |\boldsymbol{a}||\boldsymbol{b}|$ より $-1 \le \frac{\boldsymbol{a} \cdot \boldsymbol{b}}{|\boldsymbol{a}||\boldsymbol{b}|} \le 1$ である
ことに注意して，2 つのベクトル $\boldsymbol{a}, \boldsymbol{b} \ne \boldsymbol{0}$ のなす角度 θ を

$$\cos\theta = \frac{\boldsymbol{a} \cdot \boldsymbol{b}}{|\boldsymbol{a}||\boldsymbol{b}|}, \quad 0 \le \theta \le \pi$$

により定義する．

| 例 |　ベクトル $\boldsymbol{a}, \boldsymbol{b}$ に対して，とくに $|\boldsymbol{b}| = 1$ であるとき，$\boldsymbol{a} \cdot \boldsymbol{b} = |\boldsymbol{a}| \cos\theta$
は，ベクトル $\boldsymbol{a}$ のベクトル $\boldsymbol{b}$ の方向への正射影を表す．ただし，長さだけでな
く，符号を伴っている． ■

1.2　方 向 余 弦

ベクトル $\boldsymbol{a} = (a_1, a_2, a_3) \ne \boldsymbol{0}$ に対して定義される

$$\cos\theta_i = \frac{a_i}{\sqrt{a_1^2 + a_2^2 + a_3^2}}, \quad i = 1, 2, 3$$

を $\boldsymbol{a}$ の**方向余弦** (directional cosine) という．θ_1 はベクトル $\boldsymbol{a}$ と x-軸とのな
す角度，θ_2 はベクトル $\boldsymbol{a}$ と y-軸とのなす角度，θ_3 はベクトル $\boldsymbol{a}$ と z-軸とのな
す角度であり，

$$\cos^2\theta_1 + \cos^2\theta_2 + \cos^2\theta_3 = 1$$

をみたす．なお，$\theta_1, \theta_2, \theta_3$ それぞれを，$\theta_x, \theta_y, \theta_z$ と表すことも多い．

── 例題 1.2 ──

　正の数 a, b, c に対する平面 $ax + by + cz = 1$ の x-軸，y-軸，z-軸との
交点を X, Y, Z とし，三角形 XYZ の面積を S とする．また，x-軸に垂直
な三角形 OYZ の面積を S_x，y-軸に垂直な三角形 OZX の面積を S_y，z-
軸に垂直な三角形 OXY の面積を S_z とする．このとき，(a, b, c) の方向
余弦を $\cos\theta_x, \cos\theta_y, \cos\theta_z$ とすると

$$S_x = S\cos\theta_x, \quad S_y = S\cos\theta_y, \quad S_z = S\cos\theta_z$$

が成り立つことを示しなさい．

【解答】　三角錐 OXYZ の体積 V は底面積と高さの積の $\frac{1}{3}$ である．一方，平面 $ax+by+cz=1$ と原点との距離 h は高校で学んだように $h = \frac{|a \cdot 0 + b \cdot 0 + c \cdot 0 - 1|}{\sqrt{a^2+b^2+c^2}} = \frac{1}{\sqrt{a^2+b^2+c^2}}$ であり，$\overline{\mathrm{OX}} = \frac{1}{a}$，$\overline{\mathrm{OY}} = \frac{1}{b}$，$\overline{\mathrm{OZ}} = \frac{1}{c}$ である．したがって

$$V = \frac{1}{3}\,S\,h = \frac{1}{3}\,S_x\,\overline{\mathrm{OX}} = \frac{1}{3}\,S_y\,\overline{\mathrm{OY}} = \frac{1}{3}\,S_z\,\overline{\mathrm{OZ}}$$

より，

$$S_x = ahS = \frac{a}{\sqrt{a^2+b^2+c^2}}\,S,$$

$$S_y = bhS = \frac{b}{\sqrt{a^2+b^2+c^2}}\,S,$$

$$S_z = chS = \frac{c}{\sqrt{a^2+b^2+c^2}}\,S$$

であり，(a, b, c) は平面 S の法線ベクトルゆえ，これは

$$S_x = S\cos\theta_x, \quad S_y = S\cos\theta_y, \quad S_z = S\cos\theta_z$$

に他ならない．

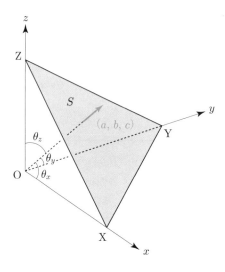

　　つまり，$S\cos\theta_x$ は面 S を x-軸に沿って射影した面の面積 S_x に等しく，$S\cos\theta_y$ は面 S を y-軸に沿って射影した面の面積 S_y に等しく，$S\cos\theta_z$ は面 S を z-軸に沿って射影した面の面積 S_z に等しいのである．

1.3 ベクトル積

ベクトル $a = (a_1,\, a_2,\, a_3)$, $b = (b_1,\, b_2,\, b_3) \in \mathbb{R}^3$ に対する

$$a \times b = (a_2 b_3 - b_2 a_3,\ a_3 b_1 - b_3 a_1,\ a_1 b_2 - b_1 a_2)$$

をベクトル積（vector product）または**外積**（outer product）または**クロス積**（cross product）という．これについて，次が成り立つ．

(1) $a \times b = -b \times a,$

(2) $a \times (b + c) = a \times b + a \times c, \qquad a,\, b,\, c \in \mathbb{R}^3,$

(3) $(\lambda a) \times b = \lambda(a \times b) = a \times (\lambda b), \quad \lambda \in \mathbb{R},$

(4) $|a|^2 |b|^2 - (a \cdot b)^2 = |a \times b|^2.$

例題 1.3

(4) を示しなさい．

【解答】 ベクトル $a = (a_1,\, a_2,\, a_3)$, $b = (b_1,\, b_2,\, b_3)$ に対して，

$$|a|^2 |b|^2 - (a \cdot b)^2$$
$$= (a_1^2 + a_2^2 + a_3^2)(b_1^2 + b_2^2 + b_3^2) - (a_1 b_1 + a_2 b_2 + a_3 b_3)^2$$
$$= (a_2 b_3 - b_2 a_3)^2 + (a_3 b_1 - b_3 a_1)^2 + (a_1 b_2 - b_1 a_2)^2$$
$$= |a \times b|^2$$

である． ☐

例 $\mathbb{R}^3$ の単位ベクトル $i = (1,\, 0,\, 0)$, $j = (0,\, 1,\, 0)$, $k = (0,\, 0,\, 1)$ に対して，次が成り立つ．

$$i \times i = j \times j = k \times k = 0,$$
$$i \times j = k, \quad j \times k = i, \quad k \times i = j,$$
$$j \times i = -k, \quad k \times j = -i, \quad i \times k = -j.$$

☐

─── 例題 1.4 ───

ベクトル積 $a \times b$ の大きさ $|a \times b|$ は，2 つのベクトル a, b を二辺とする平行四辺形の面積 S に等しいことを示しなさい．

【解答】　$a \neq 0$, $b \neq 0$ として，ベクトル a, b のなす角を θ, $0 \leq \theta \leq \pi$ とすると，平行四辺形の面積 S は $S = |a||b| \sin \theta$ であるから，

$$S^2 = |a|^2 |b|^2 \sin^2 \theta = |a|^2 |b|^2 (1 - \cos^2 \theta)$$
$$= |a|^2 |b|^2 - (|a||b| \cos \theta)^2 = |a|^2 |b|^2 - (a \cdot b)^2 = |a \times b|^2.$$

したがって，$S = |a \times b|$ である． □

─── 例題 1.5 ───

ベクトル積 $a \times b$ $(\neq 0)$ は a と b とで張られる平面の法線ベクトルであることを示しなさい．

【解答】　ベクトル $a = (a_1, a_2, a_3)$, $b = (b_1, b_2, b_3)$ に対して，$(a \times b) \cdot a = 0$ および $(a \times b) \cdot b = 0$ だから，$a \times b$ は a および b と直交している．

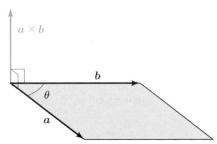

□

　右手を握ってから親指，人差し指，中指の順に $i = (1, 0, 0)$, $j = (0, 1, 0)$, $k = (0, 0, 1)$ といいながら手を開いたものが**右手系**（right-handed system）（と呼ばれる空間の向き）であるが，a と b とが一次独立の場合，$a, b, a \times b$ が，この順番に関して右手系を成している．$a \times b$ の向きは右ねじが a から b へ向かって角度 π より小さい角度で回転するときに進む向きと言ってもよい．

　なお，ベクトル $a = (a_1, a_2, a_3)$, $b = (b_1, b_2, b_3)$ の外積 $a \times b$ の定義式

$$a \times b = (a_2 b_3 - b_2 a_3, \ a_3 b_1 - b_3 a_1, \ a_1 b_2 - b_1 a_2)$$

を行列式によって書き換えると,

$$= \left(\begin{vmatrix} a_2 & a_3 \\ b_2 & b_3 \end{vmatrix}, \; - \begin{vmatrix} a_1 & a_3 \\ b_1 & b_3 \end{vmatrix}, \; \begin{vmatrix} a_1 & a_2 \\ b_1 & b_2 \end{vmatrix} \right)$$

$$= \begin{vmatrix} a_2 & a_3 \\ b_2 & b_3 \end{vmatrix} \boldsymbol{i} \; - \begin{vmatrix} a_1 & a_3 \\ b_1 & b_3 \end{vmatrix} \boldsymbol{j} \; + \begin{vmatrix} a_1 & a_2 \\ b_1 & b_2 \end{vmatrix} \boldsymbol{k}$$

であるから, これを

$$\begin{vmatrix} \boldsymbol{i} & \boldsymbol{j} & \boldsymbol{k} \\ a_1 & a_2 & a_3 \\ b_1 & b_2 & b_3 \end{vmatrix}$$

の 1 行目について余因子展開したものと形式的に考えることにすれば,

$$\boldsymbol{a} \times \boldsymbol{b} = \begin{vmatrix} \boldsymbol{i} & \boldsymbol{j} & \boldsymbol{k} \\ a_1 & a_2 & a_3 \\ b_1 & b_2 & b_3 \end{vmatrix}$$

である. この表示は外積の覚え方という以上に便利なものである.

1.4 スカラー 3 重積とベクトル 3 重積

$(\boldsymbol{a} \times \boldsymbol{b}) \cdot \boldsymbol{c}$ をベクトル $\boldsymbol{a}, \boldsymbol{b}, \boldsymbol{c}$ のスカラー 3 重積 (scalar triple product) といい, $(\boldsymbol{a}, \boldsymbol{b}, \boldsymbol{c})$ や $[\boldsymbol{a}, \boldsymbol{b}, \boldsymbol{c}]$ で表す. また, $(\boldsymbol{a} \times \boldsymbol{b}) \times \boldsymbol{c}$ や $\boldsymbol{a} \times (\boldsymbol{b} \times \boldsymbol{c})$ をベクトル $\boldsymbol{a}, \boldsymbol{b}, \boldsymbol{c}$ のベクトル 3 重積 (vector triple product) という. 一般には $(\boldsymbol{a} \times \boldsymbol{b}) \times \boldsymbol{c} \neq \boldsymbol{a} \times (\boldsymbol{b} \times \boldsymbol{c})$ である.

ベクトル $\boldsymbol{a} = (a_1, a_2, a_3)$, $\boldsymbol{b} = (b_1, b_2, b_3)$, $\boldsymbol{c} = (c_1, c_2, c_3)$ に対して,

$$(\boldsymbol{a} \times \boldsymbol{b}) \cdot \boldsymbol{c} = (\boldsymbol{b} \times \boldsymbol{c}) \cdot \boldsymbol{a} = (\boldsymbol{c} \times \boldsymbol{a}) \cdot \boldsymbol{b}$$

$$= \boldsymbol{a} \cdot (\boldsymbol{b} \times \boldsymbol{c}) = \boldsymbol{b} \cdot (\boldsymbol{c} \times \boldsymbol{a}) = \boldsymbol{c} \cdot (\boldsymbol{a} \times \boldsymbol{b}) = \begin{vmatrix} a_1 & a_2 & a_3 \\ b_1 & b_2 & b_3 \\ c_1 & c_2 & c_3 \end{vmatrix} \tag{1.1}$$

であり,

$$(a \times b) \times c = (a \cdot c)\,b - (b \cdot c)\,a, \qquad (1.2)$$

$$a \times (b \times c) = (a \cdot c)\,b - (a \cdot b)\,c, \qquad (1.3)$$

$$(a \times b) \cdot (c \times d) = \begin{vmatrix} a \cdot c & a \cdot d \\ b \cdot c & b \cdot d \end{vmatrix} \qquad (1.4)$$

が成り立つ.

第 1 章　章末問題

1.1　ベクトル a, b, c に対して，a, b, c を 3 辺とする平行 6 面体の体積 V は $V = |(a, b, c)|$ であることを示しなさい.

1.2　(1.1), (1.2), (1.3), (1.4) を示しなさい.

1.3　ベクトル a, b, c, d に対する次の等式を示しなさい.
(1)　$(a \times b) \times c + (b \times c) \times a + (c \times a) \times b = 0$.
(2)　$(a \times b) \cdot (c \times d) + (b \times c) \cdot (a \times d) + (c \times a) \cdot (b \times d) = 0$.
(3)　$(a \times b) \times (c \times d) = (a, b, d)\,c - (a, b, c)\,d = (a, c, d)\,b - (b, c, d)\,a$.

1.4　ベクトル a, b, c, l, m, n に対する次の等式を示しなさい.

$$(a, b, c)(l, m, n) = \begin{vmatrix} a \cdot l & a \cdot m & a \cdot n \\ b \cdot l & b \cdot m & b \cdot n \\ c \cdot l & c \cdot m & c \cdot n \end{vmatrix}.$$

第2章

ベクトル演算子

　ベクトル解析の方言として，スカラー値関数（scalar-valued function）のことを**スカラー場**（scalar field）または**スカラー関数**（scalar function）あるいはもっと簡単に**スカラー**（scalar）といい，ベクトル値関数（vector-valued function）のことを**ベクトル場**（vector field）または**ベクトル関数**（vector function）という．本章では，これらスカラー関数やベクトル関数に作用する基本的なベクトル演算子を導入し，その性質を調べる．なお，とくに断りがなければ全平面または全空間で定義された関数を想定しているものとして読んでいただきたい．

2.1 ベクトルの微分

　ベクトル関数 $\boldsymbol{A}(t) = (A_1(t), A_2(t), A_3(t))$ の連続性や微分可能性を各成分 $A_j(t)$ の連続性や微分可能性で定義し，微分可能な $\boldsymbol{A}(t)$ の導関数を

$$\frac{d}{dt}\boldsymbol{A}(t) = \boldsymbol{A}'(t) = (A_1'(t), A_2'(t), A_3'(t))$$

と定義する．同様に，ベクトル関数 $\boldsymbol{A}(t)$ の高次の微分可能性も各成分の高次の微分可能性で定義し，$\boldsymbol{A}(t)$ の n 階導関数を

$$\frac{d^n}{dt^n}\boldsymbol{A}(t) = \boldsymbol{A}^{(n)}(t) = (A_1^{(n)}(t), A_2^{(n)}(t), A_3^{(n)}(t))$$

と定義する．これらのことは，多変数のベクトル関数 $\boldsymbol{A}(u, v)$, $\boldsymbol{A}(x, y, z)$ 等に対しても同様とする．

　以下，とくに断らなければ，考察の対象とするベクトル関数およびスカラー関数は，十分大きな n に対する C^n-級とする．

　例　ベクトル場 $\boldsymbol{A} = \boldsymbol{A}(u, v) = (A_1(u, v), A_2(u, v), A_3(u, v))$ に対して，

$$\frac{\partial \boldsymbol{A}}{\partial u} = \left(\frac{\partial A_1}{\partial u}, \ \frac{\partial A_2}{\partial u}, \ \frac{\partial A_3}{\partial u}\right), \quad \frac{\partial \boldsymbol{A}}{\partial v} = \left(\frac{\partial A_1}{\partial v}, \ \frac{\partial A_2}{\partial v}, \ \frac{\partial A_3}{\partial v}\right). \quad \square$$

例 時刻 t における位置 $\boldsymbol{r}(t) = (x(t), y(t), z(t))$ の t に対する導関数 $\boldsymbol{v}(t) = \frac{d\boldsymbol{r}(t)}{dt}$ は**速度**（velocity）を表し，速度の大きさ $|\boldsymbol{v}(t)| = \left|\frac{d\boldsymbol{r}(t)}{dt}\right|$ が**速さ**（speed）である． □

例 位置 $\boldsymbol{r}(t)$ の 2 階導関数 $\frac{d^2\boldsymbol{r}(t)}{dt^2} = \frac{d\boldsymbol{v}(t)}{dt}$ は**加速度**（acceleration）である． □

例 原点を固定したまま回転している物体内の位置 $\boldsymbol{r}(t)$ における点の速度は，あるベクトル $\boldsymbol{\omega} = (\omega_1, \omega_2, \omega_3)$ を用いて

$$\frac{d\boldsymbol{r}}{dt} = \boldsymbol{\omega} \times \boldsymbol{r}$$

と書ける．この $\boldsymbol{\omega}$ は**角速度ベクトル**（angular velocity vector）といわれ，瞬間的な回転軸の方向と回転の角速度の大きさを与える．とくに，$\boldsymbol{\omega}$ と $\boldsymbol{r}$ とのなす角度が θ であれば，$\omega = |\boldsymbol{\omega}|$, $r = |\boldsymbol{r}|$ として，点 $\boldsymbol{r}$ の速さは $v = \left|\frac{d\boldsymbol{r}}{dt}\right| = \omega r \sin\theta$ である．

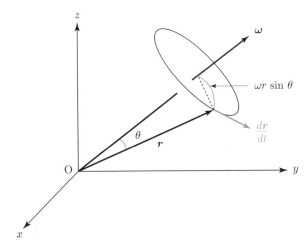

例 曲線 C の媒介変数表示が $\boldsymbol{r}(t) = (x(t), y(t), z(t))$ で与えられていて $\boldsymbol{r}'(t_0) \neq \boldsymbol{0}$ であれば，$\boldsymbol{l}(t) = \boldsymbol{r}(t_0) + t\boldsymbol{r}'(t_0)$ が曲線 C の点 $\boldsymbol{r}(t_0)$ における**接線**

(tangent line) の媒介変数表示を与える．このことから，$r'(t_0)$ を曲線 C の点 $r(t_0)$ における**接線ベクトル** (tangent vector) という．また，$\frac{r'(t_0)}{|r'(t_0)|}$ を**単位接線ベクトル** (unit tangent vector) という． ∎

注意 $r'(t_0)$ そのものでなく，大きさを 1 とする $\frac{r'(t_0)}{|r'(t_0)|}$ を接線ベクトルという流儀もある．

例 ベクトル場 A が与えられていて，曲線 C の各点 $r(t)$ における接線ベクトル $r'(t)$ が $A(r(t))$ と平行であるとき，この曲線 C をベクトル場 A の**流線** (stream line) という． ∎

問 ベクトル場 A, B, C, スカラー場 ϕ に対する，次の関係式を示しなさい．

(1) $\dfrac{d}{dt}(\phi(t)A(t)) = \dfrac{d\phi(t)}{dt}A(t) + \phi(t)\dfrac{dA(t)}{dt}$.

(2) $\dfrac{d}{dt}(A(t)\cdot B(t)) = \dfrac{dA(t)}{dt}\cdot B(t) + A(t)\cdot\dfrac{dB(t)}{dt}$.

(3) $\dfrac{d}{dt}(A(t)\times B(t)) = \dfrac{dA(t)}{dt}\times B(t) + A(t)\times\dfrac{dB(t)}{dt}$.

(4) $\dfrac{d}{dt}[\,A(t),\,B(t),\,C(t)\,] = \left[\dfrac{dA(t)}{dt},\,B(t),\,C(t)\right]$
$+ \left[A(t),\,\dfrac{dB(t)}{dt},\,C(t)\right] + \left[A(t),\,B(t),\,\dfrac{dC(t)}{dt}\right]$.

(5) $\dfrac{d}{dt}(A(t)\times(B(t)\times C(t))) = \dfrac{dA(t)}{dt}\times(B(t)\times C(t))$
$+ A(t)\times\left(\dfrac{dB(t)}{dt}\times C(t)\right) + A(t)\times\left(B(t)\times\dfrac{dC(t)}{dt}\right)$.

2.2 ベクトルの積分

ベクトル関数 $A(t) = A_1(t)i + A_2(t)j + A_3(t)k$ の定積分 $\int_a^b A(t)\,dt$ も

$$\int_a^b A(t)\,dt = \int_a^b A_1(t)\,dt\,i + \int_a^b A_2(t)\,dt\,j + \int_a^b A_3(t)\,dt\,k$$

のように，各成分の積分で定義する．すると，α, β を定数として，

$$\int_a^b \left(\alpha\, \boldsymbol{A}(t) + \beta\, \boldsymbol{B}(t) \right) dt = \alpha \int_a^b \boldsymbol{A}(t)\, dt + \beta \int_a^b \boldsymbol{B}(t)\, dt$$

が成り立つ.

　例　時刻 t における質点の位置を $\boldsymbol{r}(t)$, 速度を $\boldsymbol{v}(t)$ とすれば,

$$\boldsymbol{r}(t) - \boldsymbol{r}(t_0) = \int_{t_0}^t \boldsymbol{v}(u)\, du.$$

とくに, 速度の x 成分を v_x とすると, 質点の位置の x 座標は

$$x(t) - x(t_0) = \int_{t_0}^t v_x(u)\, du$$

である.　　　　　　　　　　　　　　　　　　　　　　　　　　□

2.3　勾　　　配

　スカラー場 $\phi = \phi(\boldsymbol{r})$, $\boldsymbol{r} = (x,\, y,\, z)$ に対する

$$\operatorname{grad} \phi := \left(\frac{\partial \phi}{\partial x},\, \frac{\partial \phi}{\partial y},\, \frac{\partial \phi}{\partial z} \right) = \frac{\partial \phi}{\partial x}\, \boldsymbol{i} + \frac{\partial \phi}{\partial y}\, \boldsymbol{j} + \frac{\partial \phi}{\partial z}\, \boldsymbol{k}$$

を ϕ の**勾配** (gradient) という. 微分演算子**ナブラ** (nabra)

$$\nabla := \left(\frac{\partial}{\partial x},\, \frac{\partial}{\partial y},\, \frac{\partial}{\partial z} \right) = \frac{\partial}{\partial x}\, \boldsymbol{i} + \frac{\partial}{\partial y}\, \boldsymbol{j} + \frac{\partial}{\partial z}\, \boldsymbol{k}$$

を用いれば, $\operatorname{grad} \phi = \nabla \phi$ とも書ける. ∇ の意味で $\frac{\partial}{\partial \boldsymbol{r}}$ という記号が使われることがある. また, $\operatorname{grad}_x \phi$, $(\operatorname{grad} \phi)_x$, $\nabla_x \phi$, $(\nabla \phi)_x$ はいずれも $\frac{\partial \phi}{\partial x}$ を意味することとする.

　例　$|\operatorname{grad} \phi| = \sqrt{\phi_x^2 + \phi_y^2 + \phi_z^2}.$　　　　　　　　　　□

問 1　$\boldsymbol{r} = (x,\, y,\, z)$, $r = |\boldsymbol{r}|$ のとき, 次を示しなさい.

(1) $\nabla r = \dfrac{\boldsymbol{r}}{r}$, $|\nabla r| = 1$.　　(2) $\nabla\left(\dfrac{1}{r}\right) = -\dfrac{\boldsymbol{r}}{r^3}$, $\left|\nabla\left(\dfrac{1}{r}\right)\right| = \dfrac{1}{r^2}$.

(3) $\nabla \phi(r) = \phi'(r)\dfrac{\boldsymbol{r}}{r}.$

問 2 ϕ, ψ をスカラー場，α, β を定数とするとき，次を示しなさい.

(1) $\operatorname{grad}(\alpha\phi + \beta\psi) = \nabla(\alpha\phi + \beta\psi) = \alpha\nabla\phi + \beta\nabla\psi = \alpha\operatorname{grad}\phi + \beta\operatorname{grad}\psi.$

(2) $\operatorname{grad}(\phi\psi) = \nabla(\phi\psi) = \phi\nabla\psi + \psi\nabla\phi = \phi\operatorname{grad}\psi + \psi\operatorname{grad}\phi.$

(3) $\operatorname{grad}\left(\dfrac{\phi}{\psi}\right) = \nabla\left(\dfrac{\phi}{\psi}\right) = \dfrac{1}{\psi^2}(\psi\,\nabla\phi - \phi\,\nabla\psi) = \dfrac{1}{\psi^2}(\psi\operatorname{grad}\phi - \phi\operatorname{grad}\psi).$

2.4 スカラーポテンシャル

ベクトル場 $\boldsymbol{A}(\boldsymbol{r})$ に対して，あるスカラー場 $\phi(\boldsymbol{r})$ が存在して

$$\boldsymbol{A}(\boldsymbol{r}) = -\operatorname{grad}\phi\,(\boldsymbol{r})$$

が成り立つとき，$\phi(\boldsymbol{r})$ は $\boldsymbol{A}(\boldsymbol{r})$ の**スカラーポテンシャル**（scalar potential）といい，$\boldsymbol{A}(\boldsymbol{r})$ は $\phi(\boldsymbol{r})$ をスカラーポテンシャルにもつという．スカラーポテンシャルをもつベクトル場 $\boldsymbol{A}(\boldsymbol{r})$ を**保存ベクトル場**（conservative vector field）という．また，物理学の文脈で，力のベクトル場 $\boldsymbol{F}$ が保存ベクトル場であるとき，$\boldsymbol{F}$ を**保存力場**（conservative force field）または**保存力**（conservative force）ということも多い.

なお，$\boldsymbol{A} = -\operatorname{grad}\phi$ の右辺の符号をマイナスにしたが，これは物理学の流儀に合わせたもので，数学書では，マイナス符号を落として $\boldsymbol{A} = \operatorname{grad}\phi$ としているものも多い．実際，本書でも，マイナスを落としたものをポテンシャルとしている箇所が出てくるが，本質的な差は無い.

例 $\mathbb{R}^3$ の原点に質量 M の質点を固定したときの，$\mathbb{R}^3\backslash\{\boldsymbol{0}\}$ における重力場

$$\boldsymbol{F} = -GM\dfrac{\boldsymbol{r}}{r^3}, \quad r = |\boldsymbol{r}|, \quad \boldsymbol{r} = (x, y, z), \quad G \text{ は万有引力定数}$$

は，

$$\boldsymbol{F} = -\operatorname{grad}\left(GM\dfrac{1}{r}\right)$$

ゆえ，$\phi = \dfrac{GM}{r}$ をスカラーポテンシャルにもつ保存力場である. □

2.5　等　位　面

スカラー場 $\phi(\boldsymbol{r})$ と定数 c に対して，方程式 $\phi(\boldsymbol{r}) = c$ は c を媒介変数とする曲面族を表し，その各々はスカラー場 ϕ の**等位面**または**等ポテンシャル面**（equipotential surface）といわれる．いま，等位面 $\phi = c$ の上に媒介変数表示 $\boldsymbol{r}(t) = (x(t), y(t), z(t))$ で表される曲線 C があれば，$\phi(\boldsymbol{r}(t)) = \phi(x(t), y(t), z(t)) = c$ であるが，両辺を t で微分すれば，

$$\frac{d}{dt}\phi(\boldsymbol{r}(t)) = \phi_x(\boldsymbol{r}(t))\,x'(t) + \phi_y(\boldsymbol{r}(t))\,y'(t) + \phi_z(\boldsymbol{r}(t))\,z'(t) = 0$$

すなわち

$$(\nabla\phi)(\boldsymbol{r}(t)) \cdot \boldsymbol{r}'(t) = 0$$

である．この式は点 $\mathrm{P} : \boldsymbol{r}(t_0)$ における曲線 C の接線ベクトル $\boldsymbol{r}'(t_0)$ と勾配ベクトル $(\nabla\phi)(\boldsymbol{r}(t_0))$ とが直交することを表しているが，曲線 C は曲面 $\phi = c$ 上の任意の曲線であったから，結局，勾配ベクトル $(\nabla\phi)(\boldsymbol{r}(t_0))$ は曲面 $\phi = c$ の点 P における接平面と直交するベクトル，つまり曲面 $\phi = c$ の点 P における**法線ベクトル**（normal vector）（の 1 つ）に他ならないことを示している．

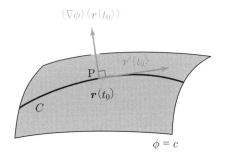

なお，$(\nabla\phi)(\boldsymbol{r}(t_0)) \cdot \boldsymbol{r}'(t_0) = 0$ や $(\nabla\phi)(\boldsymbol{r}(t)) \cdot \boldsymbol{r}'(t) = 0$ は，簡単に $\left(\nabla\phi \cdot \boldsymbol{r}'\right)_{\mathrm{P}} = 0$ や $\nabla\phi \cdot \boldsymbol{r}' = 0$ と記されることが多く，一方で，微分（differential）記号 d を用いて，$\left(\nabla\phi \cdot d\boldsymbol{r}\right)_{\mathrm{P}} = 0$ や $\nabla\phi \cdot d\boldsymbol{r} = 0$ と書かれることも多い．

例 曲面 $\phi(\boldsymbol{r}) = c$ の点 P : $\boldsymbol{r}_0 = \boldsymbol{r}(t_0)$ における単位法線ベクトル $\boldsymbol{n}(\boldsymbol{r}_0)$ は

$$\boldsymbol{n}(\boldsymbol{r}_0) = \frac{(\nabla\phi)(\boldsymbol{r}_0)}{|(\nabla\phi)(\boldsymbol{r}_0)|}$$

$$= \frac{1}{\sqrt{\phi_x^2(\boldsymbol{r}_0) + \phi_y^2(\boldsymbol{r}_0) + \phi_z^2(\boldsymbol{r}_0)}}(\phi_x(\boldsymbol{r}_0),\ \phi_y(\boldsymbol{r}_0),\ \phi_z(\boldsymbol{r}_0))$$

である. □

例 電場 $\boldsymbol{E}$ と電位 ϕ は $\boldsymbol{E} = -\nabla\phi$ という関係にある. したがって, 等電位面 ($\phi = $ 一定) と電気力線 ($\boldsymbol{E}$ の流線) はつねに直交している. □

例 重力 $\boldsymbol{f}$ と重力ポテンシャル ϕ は $\boldsymbol{f} = -\nabla\phi$ という関係にある. したがって, 等ポテンシャル面 ($\phi = $ 一定) と重力の方向はつねに直交している. □

点 P (x_0, y_0, z_0) で単位ベクトル $\boldsymbol{u} = (l, m, n)$ が与えられたとき

$$\frac{d\phi}{d\boldsymbol{u}}(x_0, y_0, z_0)$$

$$= \lim_{\Delta t \to 0} \frac{\phi(x_0 + l\Delta t, y_0 + m\Delta t, z_0 + n\Delta t) - \phi(x_0, y_0, z_0)}{\Delta t}$$

$$= l\frac{\partial\phi}{\partial x}(x_0, y_0, z_0) + m\frac{\partial\phi}{\partial y}(x_0, y_0, z_0) + n\frac{\partial\phi}{\partial z}(x_0, y_0, z_0)$$

$$= \boldsymbol{u} \cdot (\nabla\phi)(x_0, y_0, z_0)$$

をスカラー場 ϕ の点 P における $\boldsymbol{u}$ 方向への**方向微分係数** (directional derivative) という. 簡単に $\left(\frac{d\phi}{d\boldsymbol{u}}\right)_P = (\boldsymbol{u} \cdot \nabla\phi)_P$ と書かれることが多いが, さらに, 太文字 $\boldsymbol{u}$ でなく普通の文字 u を用いて $\frac{d\phi}{du}$ と書かれることも多い.

問 $\boldsymbol{u}$ を単位ベクトルとして, 点 P における $\boldsymbol{u}$ 方向の微分係数 $\left(\frac{d\phi}{d\boldsymbol{u}}\right)_P$ について, 次を示しなさい.

(1) $\left(\frac{d\phi}{d\boldsymbol{u}}\right)_P \le |(\nabla\phi)_P|$.

(2) $\boldsymbol{u}$ を動かして $\left(\frac{d\phi}{d\boldsymbol{u}}\right)_P$ が最大となるのは $\boldsymbol{u} = \frac{\nabla\phi}{|\nabla\phi|}$ の場合である.

2.6 　回　　　転

ベクトル場

$$A = A(r) = (A_1(r), A_2(r), A_3(r))$$

に対するベクトル場 rot A（もしくは curl A）を

$$\mathrm{rot}\, A := \left(\frac{\partial A_3}{\partial y} - \frac{\partial A_2}{\partial z},\ \frac{\partial A_1}{\partial z} - \frac{\partial A_3}{\partial x},\ \frac{\partial A_2}{\partial x} - \frac{\partial A_1}{\partial y} \right)$$

と定義し，A の**回転**（rotation, curl）という．ここで形式的な外積

$$\nabla \times A = \left(\frac{\partial}{\partial x}\, i + \frac{\partial}{\partial y}\, j + \frac{\partial}{\partial z}\, k \right) \times \left(A_1(r)\, i + A_2(r)\, j + A_3(r)\, k \right)$$

を

$$\left(\frac{\partial A_3}{\partial y} - \frac{\partial A_2}{\partial z} \right) i + \left(\frac{\partial A_1}{\partial z} - \frac{\partial A_3}{\partial x} \right) j + \left(\frac{\partial A_2}{\partial x} - \frac{\partial A_1}{\partial y} \right) k$$

に等しいものと解釈することにすれば，

$$\mathrm{rot}\, A = \nabla \times A$$

である．また，行列式を用いた形式的な表示

$$\nabla \times A = \begin{vmatrix} i & j & k \\ \frac{\partial}{\partial x} & \frac{\partial}{\partial y} & \frac{\partial}{\partial z} \\ A_1 & A_2 & A_3 \end{vmatrix}$$

はここでも有効である．

── 例題 2.1 ──

位置ベクトル $r = (x,\, y,\, z)$ と角速度ベクトル $\omega = (\omega_1,\, \omega_2,\, \omega_3)$ に対して，次に答えなさい．

(1)　速度ベクトル $v = \omega \times r$ を求めなさい．

(2)　速度ベクトルの回転 rot v は $2\,\omega$ に等しいことを示しなさい．

【解答】　(1)

$$v = \boldsymbol{\omega} \times \boldsymbol{r} = \begin{vmatrix} \boldsymbol{i} & \boldsymbol{j} & \boldsymbol{k} \\ \omega_1 & \omega_2 & \omega_3 \\ x & y & z \end{vmatrix}$$

$$= (\omega_2 z - \omega_3 y)\,\boldsymbol{i} + (\omega_3 x - \omega_1 z)\,\boldsymbol{j} + (\omega_1 y - \omega_2 x)\,\boldsymbol{k}.$$

(2)

$$\mathrm{rot}\,\boldsymbol{v} = \boldsymbol{\nabla} \times \boldsymbol{v} = \begin{vmatrix} \boldsymbol{i} & \boldsymbol{j} & \boldsymbol{k} \\ \partial_x & \partial_y & \partial_z \\ v_1 & v_2 & v_3 \end{vmatrix}$$

$$= \begin{vmatrix} \boldsymbol{i} & \boldsymbol{j} & \boldsymbol{k} \\ \partial_x & \partial_y & \partial_z \\ \omega_2 z - \omega_3 y & \omega_3 x - \omega_1 z & \omega_1 y - \omega_2 x \end{vmatrix}$$

$$= \left\{ \partial_y (\omega_1 y - \omega_2 x) - \partial_z (\omega_3 x - \omega_1 z) \right\} \boldsymbol{i}$$

$$+ \left\{ \partial_z (\omega_2 z - \omega_3 y) - \partial_x (\omega_1 y - \omega_2 x) \right\} \boldsymbol{j}$$

$$+ \left\{ \partial_x (\omega_3 x - \omega_1 z) - \partial_y (\omega_2 z - \omega_3 y) \right\} \boldsymbol{k}$$

$$= 2\omega_1\,\boldsymbol{i} + 2\omega_2\,\boldsymbol{j} + 2\omega_3\,\boldsymbol{k} = 2\,\boldsymbol{\omega}. \qquad \square$$

　上の例題は，回転体の軸の方向と回転の大きさを表す角速度ベクトル $\boldsymbol{\omega}$ がわかれば物体内の点 $\boldsymbol{r}$ における速度 $\boldsymbol{v}$ が $\boldsymbol{v} = \boldsymbol{\omega} \times \boldsymbol{r}$ からわかる一方，逆に，物体内の点 $\boldsymbol{r}$ における速度 $\boldsymbol{v}$ がわかれば，その回転体の軸の方向と回転の大きさ，つまり角速度ベクトル $\boldsymbol{\omega}$ が $\mathrm{rot}\,\boldsymbol{v} = 2\,\boldsymbol{\omega}$ よりわかるということを示している.

　回転が **0** となるベクトル場を，**渦なし** (curl-free) または **非回転** (irrotational)，または **層状** (lamellar) という.

　例　保存ベクトル場 $\boldsymbol{F}$ は渦なしの場である. 実際，$\boldsymbol{F} = \boldsymbol{\nabla}\phi$ であれば，

$$\mathrm{rot}\,\boldsymbol{F} = \boldsymbol{\nabla} \times \boldsymbol{F}$$

$$= \boldsymbol{\nabla} \times (\boldsymbol{\nabla}\phi) = \boldsymbol{\nabla} \times (\partial_x \phi\,\boldsymbol{i} + \partial_y \phi\,\boldsymbol{j} + \partial_z \phi\,\boldsymbol{k})$$

$$
= \begin{vmatrix} \boldsymbol{i} & \boldsymbol{j} & \boldsymbol{k} \\ \partial_x & \partial_y & \partial_z \\ \partial_x\phi & \partial_y\phi & \partial_z\phi \end{vmatrix}
$$

$$
= \left(\partial_y\partial_z\phi - \partial_z\partial_y\phi\right)\boldsymbol{i} + \left(\partial_z\partial_x\phi - \partial_x\partial_z\phi\right)\boldsymbol{j} + \left(\partial_x\partial_y\phi - \partial_y\partial_x\phi\right)\boldsymbol{k}
$$

$$
= \boldsymbol{0}. \qquad\qquad\square
$$

注意　考えている領域 D が単連結のときに $\boldsymbol{F}$ の回転がゼロであれば，$\boldsymbol{F}$ が保存ベクトル場であることが示される（**ポアンカレの補題**（Poincare's lemma））（章末問題 2.3 参照）．ここで領域 D が単連結であるとは，D におけるいかなる閉曲線も連続的に 1 点に縮めることができることをいう（4.1 節参照）．

問　$\boldsymbol{A}, \boldsymbol{B}$ をベクトル場，ϕ をスカラー場，α, β を定数とするとき，次を示しなさい．
(1)　$\mathrm{rot}\,(\alpha\boldsymbol{A}+\beta\boldsymbol{B}) = \nabla\times(\alpha\boldsymbol{A}+\beta\boldsymbol{B}) = \alpha\nabla\times\boldsymbol{A}+\beta\nabla\times\boldsymbol{B} = \alpha\,\mathrm{rot}\,\boldsymbol{A}+\beta\,\mathrm{rot}\,\boldsymbol{B}$.
(2)　$\mathrm{rot}\,(\phi\boldsymbol{A}) = \nabla\times(\phi\boldsymbol{A}) = (\nabla\phi)\times\boldsymbol{A}+\phi(\nabla\times\boldsymbol{A}) = (\mathrm{grad}\,\phi)\times\boldsymbol{A}+\phi\,(\mathrm{rot}\,\boldsymbol{A})$.

2.7　発　　散

ベクトル場

$$
\boldsymbol{A} = \boldsymbol{A}(\boldsymbol{r}) = (A_1(\boldsymbol{r}), A_2(\boldsymbol{r}), A_3(\boldsymbol{r}))
$$

に対する

$$
\mathrm{div}\,\boldsymbol{A} := \frac{\partial A_1}{\partial x} + \frac{\partial A_2}{\partial y} + \frac{\partial A_3}{\partial z}
$$

を $\boldsymbol{A}$ の**発散**（divergence）という．∇ を用いれば，$\mathrm{div}\,\boldsymbol{A} = \nabla\cdot\boldsymbol{A}$ と書ける．

例　$\boldsymbol{r} = (x, y, z)$ のとき，$\mathrm{div}\,\boldsymbol{r} = 3$. □

例　$\boldsymbol{r} = (x, y, z),\ r = |\boldsymbol{r}|$ のとき，$\mathrm{div}\,\dfrac{\boldsymbol{r}}{r^3} = 0$. 実際，

$$
\mathrm{div}\,\frac{\boldsymbol{r}}{r^3} = \frac{\partial}{\partial x}\left(\frac{x}{r^3}\right) + \frac{\partial}{\partial y}\left(\frac{y}{r^3}\right) + \frac{\partial}{\partial z}\left(\frac{z}{r^3}\right)
$$

$$
= \frac{1}{r^3} - \frac{3x^2}{r^5} + \frac{1}{r^3} - \frac{3y^2}{r^5} + \frac{1}{r^3} - \frac{3z^2}{r^5} = \frac{3}{r^3} - \frac{3(x^2+y^2+z^2)}{r^5} = 0. \quad\square
$$

　発散が 0 となるベクトル場を，**湧き出しなし**（divergence-free）または**管状**（solenoidal）という．

　さて，ここで，流体を題材にして，発散の意味を吟味してみよう．いま，各点での流体の速度を $v(x,y,z) = (v_1(x,y,z), v_2(x,y,z), v_3(x,y,z))$ とする．その中で，辺の長さが十分小さな $\Delta x, \Delta y, \Delta z$ である直方体を考え，各頂点を $P(x,y,z)$，$Q(x, y+\Delta y, z)$，$R(x, y+\Delta y, z+\Delta z)$，$S(x, y, z+\Delta z)$，$P'(x+\Delta x, y, z)$，$Q'(x+\Delta x, y+\Delta y, z)$，$R'(x+\Delta x, y+\Delta y, z+\Delta z)$，$S'(x+\Delta x, y, z+\Delta z)$ とする．

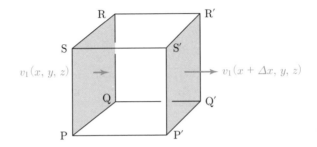

　このとき，x-軸に垂直な面 PQRS から直方体の中に単位時間に入る流体は，$v_1(x,y,z)\Delta y\Delta z$ に等しく（十分小さい範囲で考えているので面 PQRS における流体の速度はどこでも等しいと考える），x-軸に垂直な面 $P'Q'R'S'$ から直方体の外に単位時間に出る流体は，$v_1(x+\Delta x, y, z)\Delta y\Delta z$ に等しいので，x-軸に垂直な 2 つの面から単位時間に直方体の外に出る流体の体積は

$$v_1(x+\Delta x, y, z)\Delta y\Delta z - v_1(x,y,z)\Delta y\Delta z$$

$$= (v_1(x+\Delta x, y, z) - v_1(x,y,z))\Delta y\Delta z$$

$$\doteqdot \left(\frac{\partial v_1}{\partial x}(x,y,z)\,\Delta x\right)\Delta y\Delta z = \frac{\partial v_1}{\partial x}(x,y,z)\,\Delta x\Delta y\Delta z.$$

同様に，y-軸に垂直な 2 つの面から単位時間に直方体の外に出る流体の体積は $\frac{\partial v_2}{\partial y}(x,y,z)\,\Delta x\Delta y\Delta z$，$z$-軸に垂直な 2 つの面から単位時間に直方体の外に出る流体の体積は $\frac{\partial v_3}{\partial z}(x,y,z)\,\Delta x\Delta y\Delta z$ であるから，結局，単位時間に直方体の外に出る流体の体積の総量は

$$\left(\frac{\partial v_1}{\partial x}(x,y,z) + \frac{\partial v_2}{\partial y}(x,y,z) + \frac{\partial v_3}{\partial z}(x,y,z)\right)\Delta x \Delta y \Delta z$$

$$= (\operatorname{div} \boldsymbol{v})(x,y,z)\,\Delta x \Delta y \Delta z$$

にほぼ等しい．このように，$(\operatorname{div} \boldsymbol{v})(x,y,z)$ は，点 (x,y,z) において，単位体積・単位時間に流出する流体（または，湧き出す流体）の総量を表していると解釈できる．

問 $\boldsymbol{A}, \boldsymbol{B}$ をベクトル場，ϕ をスカラー場，α, β を定数とするとき，次を示しなさい．

(1) $\operatorname{div}(\alpha \boldsymbol{A} + \beta \boldsymbol{B}) = \nabla \cdot (\alpha \boldsymbol{A} + \beta \boldsymbol{B}) = \alpha \nabla \cdot \boldsymbol{A} + \beta \nabla \cdot \boldsymbol{B}$
$$= \alpha \operatorname{div} \boldsymbol{A} + \beta \operatorname{div} \boldsymbol{B}.$$

(2) $\operatorname{div}(\phi \boldsymbol{A}) = \nabla \cdot (\phi \boldsymbol{A}) = (\nabla \phi) \cdot \boldsymbol{A} + \phi (\nabla \cdot \boldsymbol{A})$
$$= (\operatorname{grad} \phi) \cdot \boldsymbol{A} + \phi (\operatorname{div} \boldsymbol{A}).$$

2.8 ベクトルポテンシャル

ベクトル場 $\boldsymbol{A}(\boldsymbol{r})$ に対して，あるベクトル場 $\boldsymbol{\Phi}(\boldsymbol{r})$ が存在して

$$\boldsymbol{A}(\boldsymbol{r}) = \operatorname{rot} \boldsymbol{\Phi}(\boldsymbol{r})$$

が成り立つとき，$\boldsymbol{\Phi}(\boldsymbol{r})$ は $\boldsymbol{A}(\boldsymbol{r})$ のベクトルポテンシャル（vector potential）といい，$\boldsymbol{A}(\boldsymbol{r})$ はベクトルポテンシャル $\boldsymbol{\Phi}(\boldsymbol{r})$ をもつという．

例 ベクトルポテンシャルをもつベクトル $\boldsymbol{A}(\boldsymbol{r})$ の発散は 0 である．実際，ベクトル $\boldsymbol{A}(\boldsymbol{r})$ のベクトルポテンシャルを $\boldsymbol{\Phi} = (\Phi_1, \Phi_2, \Phi_3)$ とすれば，

$$\operatorname{div} \boldsymbol{A} = \operatorname{div}(\operatorname{rot} \boldsymbol{\Phi})$$

$$= \frac{\partial}{\partial x}\left(\frac{\partial \Phi_3}{\partial y} - \frac{\partial \Phi_2}{\partial z}\right) + \frac{\partial}{\partial y}\left(\frac{\partial \Phi_1}{\partial z} - \frac{\partial \Phi_3}{\partial x}\right) + \frac{\partial}{\partial z}\left(\frac{\partial \Phi_2}{\partial x} - \frac{\partial \Phi_1}{\partial y}\right)$$

$$= \left(\frac{\partial^2 \Phi_1}{\partial y \partial z} - \frac{\partial^2 \Phi_1}{\partial z \partial y}\right) + \left(\frac{\partial^2 \Phi_2}{\partial z \partial x} - \frac{\partial^2 \Phi_2}{\partial x \partial z}\right) + \left(\frac{\partial^2 \Phi_3}{\partial x \partial y} - \frac{\partial^2 \Phi_3}{\partial y \partial x}\right) = 0$$

である．□

注意 ここでも，考えている領域 D が単連結のとき，$\boldsymbol{A}$ の発散がゼロであれば，$\boldsymbol{A}$ がベクトルポテンシャルをもつことが示される（ポアンカレの補題）（章末問題 2.4 参照）．

注意　一般に，適当な条件のもとでは，ベクトル場 $\boldsymbol{A}$ は $\boldsymbol{A} = \mathrm{rot}\,\boldsymbol{\Phi} + \mathrm{grad}\,\phi$ と与えられることが知られている（ヘルムホルツの定理（Helmholtz' theorem））.

2.9　微 分 形 式

2.9.1　平面上の微分形式

関数を係数とする 2 つの文字 $dx,\,dy$ の一次結合

$$f(x,y)\,dx + g(x,y)\,dy$$

を **1-形式**（one-form），dx と dy の積 $dx \wedge dy$ の関数倍 $f(x,y)\,dx \wedge dy$ を **2-形式**（two-form）という．そして，関数 $f(x,y)$ そのものを **0-形式**（zero-form）ということにする．ここに現れた積 $\wedge$ は**ウェッジ積**（wedge product）または**外積**（exterior product）と呼ばれ，

$$dy \wedge dx = -dx \wedge dy, \quad dx \wedge dx = dy \wedge dy = 0,$$

$$(f\,dx) \wedge dy = dx \wedge (f\,dy) = f\,(dx \wedge dy)$$

という交換関係に従うとともに分配則をみたすものとする．また，k-形式同士の和は各係数同士の和で定義し，k-形式の関数倍も各係数の関数倍として定義する．

これらに対する**外微分**（exterior differential）と呼ばれる写像 d を，$f = f(x,y)$ を関数，η を k-形式として，

$$df = \frac{\partial f}{\partial x}dx + \frac{\partial f}{\partial y}dy, \quad \text{および} \quad d(f\,\eta) = (df) \wedge \eta$$

と $\mathbb{R}$-線形性により定義する．

このとき，次が従うことがすぐにわかる．

$$d(f_1\,dx + f_2\,dy) = \left(\frac{\partial f_2}{\partial x} - \frac{\partial f_1}{\partial y}\right) dx \wedge dy.$$

2.9.2　空間上の微分形式

平面のときと同様に，3 つの文字 dx, dy, dz の積を $\wedge$ で表し，関数 f を **0-形式**（zero-form），関数を係数とする一次結合，

$$f\,dx + g\,dy + h\,dz,$$

$$f\,dx \wedge dy + g\,dx \wedge dz + h\,dy \wedge dz,$$

$$f\,dx \wedge dy \wedge dz$$

を，それぞれ，**1-形式**（one-form），**2-形式**（two-form），**3-形式**（three-form）という．k-形式は **k 次微分形式**（differential form of degree k）ともいう．文字の交換関係が，$dx = dx_1, dy = dx_2, dz = dx_3$ として，$dx_i \wedge dx_j = -dx_j \wedge dx_i$ に従うことの他は 2 変数のときと同様である．そして，各 k-形式同士の和と関数倍は，やはり，係数の和と係数の関数倍で定義する．

これらに対する外微分は，平面のときと同様，η を k-形式として，

$$df = \frac{\partial f}{\partial x}dx + \frac{\partial f}{\partial y}dy + \frac{\partial f}{\partial z}dz, \quad \text{および} \quad d(f\eta) = (df) \wedge \eta$$

をみたす $\mathbb{R}$-線形作用素（$\mathbb{R}$-線形写像）として定義する．このようにすると，

$$d(f_1\,dx + f_2\,dy + f_3\,dz)$$

$$= \left(\frac{\partial f_3}{\partial y} - \frac{\partial f_2}{\partial z}\right) dy \wedge dz + \left(\frac{\partial f_1}{\partial z} - \frac{\partial f_3}{\partial x}\right) dz \wedge dx$$

$$+ \left(\frac{\partial f_2}{\partial x} - \frac{\partial f_1}{\partial y}\right) dx \wedge dy,$$

$$d(f_1\,dy \wedge dz + f_2\,dz \wedge dx + f_3\,dx \wedge dy)$$

$$= \left(\frac{\partial f_1}{\partial x} + \frac{\partial f_2}{\partial y} + \frac{\partial f_3}{\partial z}\right) dx \wedge dy \wedge dz$$

となることが，簡単な計算でわかる．つまり，

$$d\boldsymbol{r} = (dx, dy, dz), \quad d\boldsymbol{S} = (dy \wedge dz,\ dz \wedge dx,\ dx \wedge dy),$$

$$dV = dx \wedge dy \wedge dz,$$

$$\boldsymbol{A} = (A_1, A_2, A_3), \quad \boldsymbol{B} = (B_1, B_2, B_3)$$

とおけば,

$$df = \nabla f \cdot d\boldsymbol{r},$$
$$d(\boldsymbol{A} \cdot d\boldsymbol{r}) = \mathrm{rot}\,\boldsymbol{A} \cdot d\boldsymbol{S},$$
$$d(\boldsymbol{B} \cdot d\boldsymbol{S}) = \mathrm{div}\,\boldsymbol{B}\,dV$$

が成り立つ. 微分形式とベクトル演算子が密接な関係にあることがわかるだろう. おかげで, ややこしい符号の出方も, 微分形式と外微分の計算を知っているだけで, すぐに思い出せて便利である. なお, 0-形式 f と k-形式 η の積を書くときは $f \wedge \eta$ とは書かず, $\wedge$ を省略して, $f\eta$ と書くのが慣習である.

注意　高次元版のベクトル解析を実践しようと思うと, それは微分形式の理論に変容していく. 第 4 章で扱う積分定理も, そっくりそのまま高次元化され, ひとことで, ストークスの定理と呼ばれるようになる. 一方で, 3 次元までであっても, 精密に議論しようと思うと, いわゆる多様体論の枠組みを利用することが必須である. いずれにせよ, 両者が相まって, 高度な理論体系が出来上がっている.

問　次を示しなさい.

(1)　$(a_{11}\,dx + a_{12}\,dy) \wedge (a_{21}\,dx + a_{22}\,dy) = \begin{vmatrix} a_{11} & a_{12} \\ a_{21} & a_{22} \end{vmatrix} dx \wedge dy.$

(2)　$(a_{11}\,dx + a_{12}\,dy + a_{13}\,dz) \wedge (a_{21}\,dx + a_{22}\,dy + a_{23}\,dz)$

$\wedge (a_{31}\,dx + a_{32}\,dy + a_{33}\,dz)$

$= \begin{vmatrix} a_{11} & a_{12} & a_{13} \\ a_{21} & a_{22} & a_{23} \\ a_{31} & a_{32} & a_{33} \end{vmatrix} dx \wedge dy \wedge dz.$

(3)　$d^2 := d \circ d = 0.$　ただし, $\circ$ は写像の合成である.

第 2 章　章末問題

2.1　A, B をベクトル場とするとき，次を示しなさい.

(1)　$\mathrm{div}(A \times B) = \nabla \cdot (A \times B) = B \cdot (\nabla \times A) - A \cdot (\nabla \times B)$

　　　$= B \cdot (\mathrm{rot}\, A) - A \cdot (\mathrm{rot}\, B).$

(2)　$\mathrm{rot}\,(A \times B) = \nabla \times (A \times B)$

　　　$= (B \cdot \nabla)\, A - (A \cdot \nabla)\, B + A(\nabla \cdot B) - B(\nabla \cdot A)$

　　　$= (B \cdot \nabla)\, A - (A \cdot \nabla)\, B + A\,(\mathrm{div}\, B) - B\,(\mathrm{div}\, A).$

(3)　$\mathrm{grad}(A \cdot B) = \nabla(A \cdot B)$

　　　$= (A \cdot \nabla)\, B + (B \cdot \nabla)\, A + A \times (\nabla \times B) + B \times (\nabla \times A)$

　　　$= (A \cdot \nabla)\, B + (B \cdot \nabla)\, A + A \times \mathrm{rot}\, B + B \times \mathrm{rot}\, A.$

(4)　$\mathrm{rot}\,(\mathrm{rot}\, A) = \nabla \times (\nabla \times A) = \nabla(\nabla \cdot A) - \nabla^2 A = \mathrm{grad}\,(\mathrm{div}\, A) - \nabla^2 A.$

2.2　$\phi,\ \psi$ をスカラー場とするとき，次を示しなさい.

(1)　$\mathrm{div}(\phi\,\mathrm{grad}\,\psi) = \nabla \cdot (\phi\,\nabla g) = \nabla \phi \cdot \nabla \psi + \phi\,\nabla^2 \psi$

　　　$= (\mathrm{grad}\,\phi) \cdot (\mathrm{grad}\,\psi) + \phi\,\nabla^2 \psi.$

(2)　$\nabla^2(\phi\,\psi) = \phi\,\nabla^2 \psi + 2\nabla \phi \cdot \nabla \psi + \psi\nabla^2 \phi$

　　　$= \phi\,\nabla^2 \psi + 2(\mathrm{grad}\,\phi) \cdot (\mathrm{grad}\,\psi) + \psi\nabla^2 \phi.$

(3)　$\mathrm{div}(\,\phi\,\mathrm{grad}\,\psi - \psi\,\mathrm{grad}\,\phi) = \nabla \cdot (\phi\,\nabla \psi - \psi\,\nabla \phi) = \phi\,\nabla^2 \psi - \psi\,\nabla^2 \phi.$

2.3　定数 a, b, c と全空間で $\mathrm{rot}\, A = 0$ をみたすベクトル場 $A = (A_1,\, A_2,\, A_3)$ に対して，

$$\phi(x,\, y,\, z) = \int_a^x A_1(s,\, y,\, z)\, ds + \int_b^y A_2(a,\, t,\, z)\, dt + \int_c^z A_3(a,\, b,\, u)\, du$$

とすると，$\nabla\phi = A$ が成り立つことを示しなさい.

2.4　定数 a, b と全空間で $\mathrm{div}\, B = 0$ をみたすベクトル場 $B = (B_1,\, B_2,\, B_3)$ に対して，ベクトル場 $A = (A_1,\, A_2,\, A_3)$ を

$$A_1 = 0, \quad A_2 = \int_a^x B_3(s,\, y,\, z)\, ds,$$

$$A_3 = -\int_a^x B_2(s,\, y,\, z)\, ds + \int_b^y B_1(a,\, t,\, z)\, dt$$

により与えると，$\mathrm{rot}\, A = B$ が成り立つことを示しなさい.

第3章

線積分と面積分

　ベクトル解析において最も特徴的で重要な線積分と面積分を導入する．これらは物理学の諸法則を表現する際に必要不可欠な言葉でもある．なお，2次元の場合に定式化できるものも，省力化のため，3次元空間の場合にのみ定式化しているが，2次元の場合を必要に応じて翻訳していただきたい．

3.1　区分的に滑らかな曲線

　適当な正数 $\varepsilon > 0$ に対する開区間 $(a - \varepsilon, b + \varepsilon)$ における連続微分可能な関数を用いて，曲線 C が $\boldsymbol{r}(t) = (x(t), y(t), z(t))$, $a \le t \le b$ と媒介変数表示されているとき，曲線 C は連続微分可能（C^1-級）であるといい，さらに，$\boldsymbol{r}'(t) \ne \boldsymbol{0}$, $t \in [a, b]$ をみたすとき，曲線 C は**滑らかな曲線**（smooth curve）であるという．つまり，C が滑らかな曲線であるとは，C の接線がいたるところで存在し，その方向が t とともに連続的に変わるということである．また，区間 $[a, b]$ に a から b に向かう方向を正とする方向が入っているとして，$\boldsymbol{r}(a)$ を始点，$\boldsymbol{r}(b)$ を終点といい，端点以外では自分自身と交わらない C を**単純曲線**（simple curve），始点と終点が等しい場合の C を**閉曲線**（closed curve）という．

　曲線 C_1 の終点と曲線 C_2 の始点が一致しているとき，これらをつなぎ合わせて新たな曲線 $C_1 + C_2$ を考えることができるが，一般に，滑らかな曲線を有限個つなぎ合わせたものを**区分的に滑らかな曲線**（piecewise smooth curve）という．以下，とくに断らない限り，曲線といえば区分的に滑らかなものとする．また，曲線 C の向きを逆にしたものを $-C$ と表し，C が部分 $C_1, \ldots, C_m$ からなるとき，$C = C_1 + \cdots + C_m$ と表す．

注意　進んだ数学の扱いでは，写像 $C : [a, b] \to \mathbb{R}^3$ $(t \mapsto \boldsymbol{r}(t) = (x(t), y(t), z(t))$ そのものを曲線という．その立場では，上での曲線は，曲線の像 $C([a, b])$ である．

注意　関数 F が十分大きな n に対して C^n-級または C^∞-級であるときに関数 F が滑らか（smooth）ということがあるが，ここでは，ベクトル解析の文脈に即した意味での滑らかさを定義している．

注意　閉曲線 C が滑らかであるとは，$r'(t) \neq \mathbf{0}$, $a < t < b$ かつ $r'(a) = r'(b) \neq \mathbf{0}$ をみたすことである．

注意　単純閉曲線のことをジョルダン閉曲線，閉でない単純曲線のことをジョルダン開曲線，ジョルダン閉曲線とジョルダン開曲線とを総称したものをジョルダン曲線という流儀がある．しかし，一方で，単純閉曲線のことをジョルダン曲線，閉でない単純曲線のことをジョルダン弧というという流儀もある．このような事情から，無用な混乱をひきおこさないよう，本書ではジョルダン曲線という用語は用いないことにした．ジョルダン曲線という用語が用いられている他の文献を参照する際は，この点を確認してから読み始めるようにしてほしい．

3.2　線　積　分

スカラー場 $\phi = \phi(r)$ が滑らかな曲線 $C : r(t)$, $a \leq t \leq b$ を含む領域で定義されているとき，

$$\int_C \phi\, ds = \int_a^b \phi(r(t)) \,|\, r'(t) \,|\, dt$$

を $\phi = \phi(r)$ の C に沿う**弧長に関する線積分**（line integral with respect to arc-length）という．とくに，

$$\int_C ds = \int_a^b |\, r'(t) \,|\, dt$$

は曲線 C の**長さ**（length）または**弧長**（arc-length）である．曲線 C に沿う弧長に関する線積分は，媒介変数の取り方に依らないし，C の向き付けにも依らない，つまり，$\int_{-C} \phi\, ds = \int_C \phi\, ds$ である．

また，区分的に滑らかな曲線 C に沿う線積分は，滑らかな部分での線積分それぞれの和で定義するが，より一般に（滑らかな部分をさらに分割する場合も込めて）$C = C_1 + \cdots + C_m$ と表されているとき，C 上の積分は

$$\int_C \phi\,ds = \int_{C_1} \phi\,ds + \cdots + \int_{C_m} \phi\,ds$$

である.

注意　弧長に関する線積分は線素に関する線積分ともいう. $ds = |\,r'(t)\,|\,dt$ が**線素**（line element）である.

　スカラー場 $\phi = \phi(r)$ が滑らかな曲線 C: $r(t) = (x(t), y(t), z(t))$, $a \leq t \leq b$ を含む領域で定義されているとき,

$$\int_C \phi\,dx = \int_a^b \phi(r(t))\,x'(t)\,dt$$

を ϕ の C に沿う **x に関する線積分**（line integral with respect to x）,

$$\int_C \phi\,dy = \int_a^b \phi(r(t))\,y'(t)\,dt, \quad \text{および,} \quad \int_C \phi\,dz = \int_a^b \phi(r(t))\,z'(t)\,dt$$

を, ϕ の C に沿う y に関する線積分, および, ϕ の C に沿う z に関する線積分という.

　そして, ベクトル場 $A = A(r) = (A_1(r), A_2(r), A_3(r))$ の曲線 C: $r(t)$, $a \leq t \leq b$ 上での線積分を

$$\int_C A \cdot dr := \int_C A_1\,dx + A_2\,dy + A_3\,dz = \int_a^b A(r(t)) \cdot r'(t)\,dt$$

と定義する. こちらの線積分の場合は, 媒介変数の取り方には依存しないが, C の向き付けには依存する. つまり, $\int_{-C} A \cdot dr = -\int_C A \cdot dr$ である.

　ここでも, 区分的に滑らかな曲線 C に沿う線積分を, 滑らかな部分での線積分の和で定義し, より一般に（滑らかな部分をさらに分割する場合も込めて）$C = C_1 + \cdots + C_m$ と表されているときの C 上の積分は

$$\int_C A \cdot dr = \int_{C_1} A \cdot dr + \cdots + \int_{C_m} A \cdot dr$$

である.

例 曲線 $C : \boldsymbol{r}(t) = (t,\, 2t,\, 3t)$, $1 \leq t \leq 2$ に沿う弧長に関する $y^2 z$ の線積分は

$$\int_C y^2 z\, ds = \int_1^2 12t^3 \, |\, \boldsymbol{r}'(t)\, |\, dt = 12\sqrt{14} \int_1^2 t^3 \, dt = 45\sqrt{14}.$$

例 曲線 $C : \boldsymbol{r}(t) = (t^2,\, t,\, t)$, $0 \leq t \leq 1$ に沿うベクトル場 $\boldsymbol{A} = (x,\, yz,\, z)$ の線積分は

$$\begin{aligned}
\int_C \boldsymbol{A} \cdot d\boldsymbol{r} &= \int_C x\, dx + yz\, dy + z\, dz \\
&= \int_0^1 \left\{\, t^2 \times (2t) + t \times t \times 1 + t \times 1 \,\right\} dt \\
&= \int_0^1 (2t^3 + t^2 + t)\, dt = \frac{4}{3}.
\end{aligned}$$

例題 3.1

次の線積分を計算しなさい.

$$\int_C \frac{-y\, dx + x\, dy}{x^2 + y^2}$$

(1) $C : x^2 + y^2 = 1$ （反時計回り）.

(2) $C :$ A$(1, 0)$, B$(0, 1)$ を結ぶ線分 （A から B へ）.

【解答】 (1) $\boldsymbol{r}(\theta) = (\cos\theta,\, \sin\theta)$, $0 \leq \theta \leq 2\pi$ として,

$$\begin{aligned}
\int_C \frac{-y\, dx + x\, dy}{x^2 + y^2} &= \int_0^{2\pi} \left\{ -\sin\theta \, (-\sin\theta) + \cos\theta \, \cos\theta \right\} d\theta = \int_0^{2\pi} d\theta \\
&= 2\pi.
\end{aligned}$$

(2) $\boldsymbol{r}(t) = (1 - t,\, t)$, $0 \leq t \leq 1$ として,

$$\begin{aligned}
\int_C \frac{-y\, dx + x\, dy}{x^2 + y^2} &= \int_0^1 \frac{t + (1 - t)}{(1 - t)^2 + t^2}\, dt = \int_0^1 \frac{1}{2t^2 - 2t + 1}\, dt \\
&= \int_0^1 \frac{2}{(2t - 1)^2 + 1}\, dt = \left[\tan^{-1}(2t - 1) \right]_0^1 = \frac{\pi}{2}.
\end{aligned}$$

問　ベクトル場

$$\boldsymbol{A} = \left(\frac{-y}{x^2 + y^2}, \frac{x}{x^2 + y^2}, 0 \right)$$

を次の曲線 C 上で線積分しなさい.

(1)　$C : \boldsymbol{r}(t) = (R\cos t, R\sin t, Rt),\quad 0 \le t \le 2\pi.$

(2)　$C : \boldsymbol{r}(t) = (1, 1, 2t),\quad 0 \le t \le 1.$

| 例 | 関数 $f(x)$ の区間 $[a, b]$ 上の積分も,平面における線積分の特別な場合

と捉えることができる.実際,平面の曲線 $C : (t, 0),\ a \le t \le b$ の上の,2 変数関数 $(x, y) \mapsto f(x)$ の線積分により

$$\int_C f\,dx = \int_a^b f(t)\,dt = \int_a^b f(x)\,dx$$

および

$$\int_{-C} f\,dx = -\int_C f\,dx = -\int_a^b f(x)\,dx = \int_b^a f(x)\,dx$$

と捉えられるし,さらには,平面の曲線 $C' : (t, f(t)),\ a \le t \le b$ の上の 2 変数関数 $(x, y) \mapsto y$ の線積分により

$$\int_{C'} y\,dx = \int_a^b f(x)\,dx \quad \text{および} \quad \int_{-C'} y\,dx = \int_b^a f(x)\,dx$$

と捉えることもできる.　　　　　　　　　　　　　　　　　　　　□

── 例題 3.2 ──

スカラー場 φ の勾配ベクトル場 $\nabla\varphi$ の点 A から点 B にいたる曲線 C に沿う積分は

$$\int_C \nabla\varphi \cdot d\boldsymbol{r} = \varphi(\mathrm{B}) - \varphi(\mathrm{A})$$

であることを示しなさい.

【解答】　曲線 C の媒介変数表示を $\boldsymbol{r} = \boldsymbol{r}(t) = (x(t), y(t), z(t)),\ a \le t \le b$ お

および A $= \boldsymbol{r}(a)$, B $= \boldsymbol{r}(b)$ とすれば,

$$\int_C \nabla\varphi \cdot d\boldsymbol{r} = \int_a^b (\nabla\varphi)(\boldsymbol{r}(t)) \cdot \boldsymbol{r}'(t)\, dt$$

$$= \int_a^b \left\{ \varphi_x(\boldsymbol{r}(t))\, x'(t) + \varphi_y(\boldsymbol{r}(t))\, y'(t) + \varphi_z(\boldsymbol{r}(t))\, z'(t) \right\} dt$$

$$= \int_a^b \frac{d}{dt} \{ \varphi(x(t), y(t), z(t)) \}\, dt$$

$$= \varphi(\boldsymbol{r}(b)) - \varphi(\boldsymbol{r}(a)) = \varphi(\mathrm{B}) - \varphi(\mathrm{A})$$

となる. □

　この例題によれば, 保存ベクトル場 $\boldsymbol{F} = \nabla\varphi$ の線積分は途中の経路に依存せず, 端点 A, B の値のみにより決まるということである. とくに, A $=$ B とするとき, すなわち C が閉曲線であるとき $\int_C \nabla\varphi \cdot d\boldsymbol{r} = 0$ である.

── 例題 3.3 ──

　領域 D 上のベクトル場 $\boldsymbol{A}$ がある. D 内に任意の 2 点 A, B を結ぶ曲線 C をとる線積分

$$\int_C \boldsymbol{A} \cdot d\boldsymbol{r}$$

の値が始点 A と終点 B のみに依存し, 積分路 C の途中の経路に依らないとき, $\boldsymbol{A}$ は保存ベクトル場であること, すなわち, 適当なスカラー関数 φ が存在して $\boldsymbol{A} = \nabla\varphi$ と書けることを示しなさい.

【解答】 始点 A を固定し, 終点 B (x, y, z) を動かすことにすると, $\varphi(x, y, z) = \int_{\mathrm{A}}^{\mathrm{B}} \boldsymbol{A} \cdot d\boldsymbol{r}$ と書ける. そして, 点 B の近くに点 B$'(x + h, y, z)$ をとると

$$\varphi(x + h, y, z) = \int_{\mathrm{AB}'} \boldsymbol{A} \cdot d\boldsymbol{r} = \int_{\mathrm{AB} + \mathrm{BB}'} \boldsymbol{A} \cdot d\boldsymbol{r}$$

$$= \int_{\mathrm{AB}} \boldsymbol{A} \cdot d\boldsymbol{r} + \int_{\mathrm{BB}'} \boldsymbol{A} \cdot d\boldsymbol{r} = \varphi(x, y, z) + \int_{\mathrm{BB}'} \boldsymbol{A} \cdot d\boldsymbol{r}.$$

ここで $\boldsymbol{A} = (a_1(\boldsymbol{r}), a_2(\boldsymbol{r}), a_3(\boldsymbol{r}))$ とすると, 直線 BB$'$ の媒介変数表示を $\boldsymbol{r}(t) = (t, y, z)$, $x \leq t \leq x + h$ として, $\boldsymbol{r}'(t) = (1, 0, 0)$ であるから,

$$\int_{\mathrm{BB}'} \boldsymbol{A} \cdot d\boldsymbol{r} = \int_x^{x+h} a_1(t,\, y,\, z)\, dt.$$

したがって,

$$\frac{1}{h}(\varphi(x+h,y,z) - \varphi(x,y,z)) = \frac{1}{h}\int_x^{x+h} a_1(t,\, y,\, z)\, dt$$

より,

$$\frac{\partial \varphi}{\partial x}(x,\, y,\, z) = a_1(x,\, y,\, z).$$

同様に

$$\frac{\partial \varphi}{\partial y}(x,\, y,\, z) = a_2(x,\, y,\, z), \quad \frac{\partial \varphi}{\partial z}(x,\, y,\, z) = a_3(x,\, y,\, z)$$

であるから, 結局, $\boldsymbol{A}(\boldsymbol{r}) = (\nabla\varphi)(\boldsymbol{r})$ となる. $\qquad\square$

曲線 $C : \boldsymbol{r}(t)$ において $|\boldsymbol{r}'(t)| \neq 0$ のとき, $\boldsymbol{t}(t) = \frac{\boldsymbol{r}'(t)}{|\boldsymbol{r}'(t)|}$ は単位接線ベクトルで,

$$\frac{x'(t)}{|\boldsymbol{r}'(t)|}, \quad \frac{y'(t)}{|\boldsymbol{r}'(t)|}, \quad \frac{z'(t)}{|\boldsymbol{r}'(t)|}$$

は接線ベクトルの方向余弦 $\cos\theta_x(t)$, $\cos\theta_y(t)$, $\cos\theta_z(t)$ に等しい. したがって, $ds = |\boldsymbol{r}'(t)|\, dt$ を線素として

$$\int_C \boldsymbol{A} \cdot d\boldsymbol{r} = \int_C (A_1\cos\theta_x + A_2\cos\theta_y + A_z\cos\theta_z)\, ds$$

$$= \int_C A_1\, dx + A_2\, dy + A_3\, dz$$

であり, 象徴的に書けば,

$$dx = \cos\theta_x\, ds, \quad dy = \cos\theta_y\, ds, \quad dz = \cos\theta_z\, ds$$

である.

例　質点が力 $\boldsymbol{f}(\boldsymbol{r})$ の作用を受けながら曲線 C の上を点 A から点 B まで移動するとき, $\boldsymbol{f}$ のする仕事 (work) は $\int_C \boldsymbol{f} \cdot d\boldsymbol{r}$ で表される. $\qquad\blacksquare$

例　流体力学等において，流れのベクトル場を $\boldsymbol{v}(\boldsymbol{r})$ としたときの閉曲線 C に沿っての線積分 $\int_C \boldsymbol{v} \cdot d\boldsymbol{r}$ を C に関する循環という．このことから，一般に，ベクトル場 $\boldsymbol{A}$ の閉曲線 C に沿っての線積分 $\int_C \boldsymbol{A} \cdot d\boldsymbol{r}$ を，ベクトル場 $\boldsymbol{A}$ の C に関する**循環**（circulation）という．□

3.3　区分的に滑らかな曲面

集合 $D \subset \mathbb{R}^2$ とその境界 ∂D を含むある領域 $E \subset \mathbb{R}^2$ において連続微分可能な関数を用いて，曲面 S が

$$\boldsymbol{r} = \boldsymbol{r}(u, v) = (x(u, v), y(u, v), z(u, v)), \ (u, v) \in D$$

と媒介変数表示されているとき，曲面 S は連続微分可能（C^1-級）であるといい，さらに，$(\boldsymbol{r}_u \times \boldsymbol{r}_v)(u, v) \neq \boldsymbol{0}, \ (u, v) \in D$ をみたすとき，曲面 S は**滑らかな曲面**（smooth surface）であるという．

ここで，曲面 S が $\boldsymbol{r} = \boldsymbol{r}(u, v), \ (u, v) \in D$ と表されているとき，$\boldsymbol{r}_u(u_0, v_0)$ は $v = v_0$ と固定してから u だけ動かすことによって得られる曲線 $\boldsymbol{r}(u, v_0)$ の点 $\boldsymbol{r}(u_0, v_0)$ における接線ベクトルであり，$\boldsymbol{r}_v(u_0, v_0)$ は $u = u_0$ と固定してから v だけ動かすことによって得られる曲線 $\boldsymbol{r}(u_0, v)$ の点 $\boldsymbol{r}(u_0, v_0)$ における接線ベクトルである．そして，2 つのベクトル $\boldsymbol{r}_u(u_0, v_0)$ と $\boldsymbol{r}_v(u_0, v_0)$ によって張られる平面が曲面 S の点 $\boldsymbol{r}(u_0, v_0)$ における接平面であり，$\boldsymbol{r}_u(u_0, v_0) \times \boldsymbol{r}_v(u_0, v_0)$ がその法線ベクトルである．

このことからみれば，曲面 S が滑らかな曲面であるとは，S の接平面がいたるところで存在し，その法線ベクトルが (u, v) とともに連続的に変わることである．とくに，曲面 S の点 $\boldsymbol{r}(u, v)$ における接平面の単位法線ベクトル

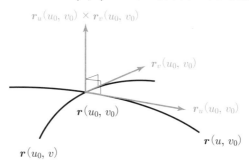

$$n(r(u,v)) = \frac{(r_u \times r_v)(u,v)}{|(r_u \times r_v)(u,v)|} \tag{3.1}$$

を，簡単に，曲面 S の単位法線ベクトルということにすれば，単位法線ベクトル n が (u,v) とともに連続的に変わることといってよい．

そしてさらに，r_u, r_v, $r_u \times r_v$ が右手系をなしていることを踏まえ，この単位法線ベクトル n の方向を曲面 S の正の向き（表側），$-n$ の方向を負の向き（裏側）と定める．滑らかな曲面 S において法線ベクトルはゼロにならないのだから，$r(u,v)$, $(u,v) \in D$ が単射であれば，ある 1 点での表裏が決まれば，S 全体での表裏は一定である．ここで，

$$n(r(u,v)) = (n_1, n_2, n_3)(r(u,v)) = (\cos\theta_1,\ \cos\theta_2,\ \cos\theta_3)(r(u,v))$$

は，n の方向余弦である．

注意　例えば，z 成分が正であるときは上向き，負であるときは下向きということがある．

例　$r(u,v) = (x(u,v), y(u,v), z(u,v))$ のとき，

$$r_u \times r_v = \begin{vmatrix} y_u & y_v \\ z_u & z_v \end{vmatrix} i + \begin{vmatrix} z_u & z_v \\ x_u & x_v \end{vmatrix} j + \begin{vmatrix} x_u & x_v \\ y_u & y_v \end{vmatrix} k$$

$$= \frac{\partial(y,z)}{\partial(u,v)} i + \frac{\partial(z,x)}{\partial(u,v)} j + \frac{\partial(x,y)}{\partial(u,v)} k,$$

$$n = (n_1, n_2, n_3) = \frac{1}{|r_u \times r_v|}\left(\frac{\partial(y,z)}{\partial(u,v)}, \frac{\partial(z,x)}{\partial(u,v)}, \frac{\partial(x,y)}{\partial(u,v)}\right). \quad \square$$

例　曲面 S がグラフ状の曲面 $r(x,y) = (x, y, z(x,y))$ であるときには，

$$r_x \times r_y = -z_x(x,y) i - z_y(x,y) j + 1 k,$$

$$n = (n_1, n_2, n_3)$$

$$= \frac{1}{\sqrt{z_x^2(x,y) + z_y^2(x,y) + 1}}(-z_x(x,y),\ -z_y(x,y),\ 1). \quad \square$$

これらを踏まえて，滑らかな曲面を有限個つなぎ合わせたものが**区分的に滑らかな曲面**（piecewise smooth surface）である．ただし，つなぎ目は，区分

的に滑らかな曲線になっているものとする．立方体の表面や三角錐の表面は区分的に滑らかな曲面の代表例である．区分的に滑らかな曲面の向きは，次のように考える．いま，滑らかな曲面 S_i の境界 ∂S_i は区分的に滑らかな曲線であるが，その曲線の向きは，S_i を左手に見ながら進む方向を正とする．このとき，隣接する区分的に滑らかな曲面 S_i と S_j の繋ぎ目に現れる境界 ∂S_i と境界 ∂S_j の共通部分における ∂S_i と ∂S_j の向きが互いに逆となるように S_i と S_j の向きを定める．このようにして，曲面 S 全体 $S_1 + S_2 + \cdots$ に向きが入れられれば，S は**向き付け可能**（orientable）という．以下，とくに断らない限り，曲面といえば，向き付け可能な曲面とする．また，曲面 S の向きを逆にしたものを $-S$ で表し，S が部分 $S_1, \ldots, S_m$ からなるとき，$S = S_1 + \cdots + S_m$ と表す．

> **例**　立方体の場合，各面において外向きを正とすれば，どのつなぎ目においても，それぞれの面における境界としての辺の方向は互いに逆になっていて，向き付け可能であることがわかる．　　　　　　　　　　　　　　□

> **例**　一般に，閉曲面は向き付け可能であることが知られている．ここで，閉曲面とは，境界の無い曲面で，$\mathbb{R}^3$ の有界閉集合のことである．球面は閉曲面であるが，無限に延びた円柱面は有界でないので閉曲面とはいわない．　　　□

　ところで，向き付けできない有名な例としてメビウスの帯があるが，ご存知だろうか？

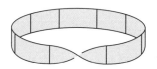

問　$\boldsymbol{r} = (x, y, z(x, y))$ のとき，$\boldsymbol{r}_x$ と $\boldsymbol{r}_y$ を求めてから外積 $\boldsymbol{r}_x \times \boldsymbol{r}_y$ を計算し，$(-z_x, -z_y, 1)$ に等しいことを確かめなさい．

3.4 スカラー関数の面積分

　スカラー関数 $\phi = \phi(\boldsymbol{r})$ が滑らかな曲面 $S : \boldsymbol{r}(u, v),\ (u, v) \in D$ を含む領域で定義されているとき，

$$\iint_S \phi\, dS = \iint_D \phi(\boldsymbol{r}(u,v))\,|\,(\boldsymbol{r}_u \times \boldsymbol{r}_v)(u,v)\,|\, dudv$$

を，スカラー関数 ϕ の曲面 S 上での**面積分** (surface integral) という．とくに，

$$\iint_S dS = \iint_D |\,(\boldsymbol{r}_u \times \boldsymbol{r}_v)(u,v)\,|\, dudv$$

は曲面 S の面積である．スカラー関数 ϕ の曲面 S 上の面積分は，S の向き付けに依らない．つまり，$\iint_{-S} \phi\, dS = \iint_S \phi\, dS$ である．

区分的に滑らかな曲面 S における面積分を滑らかな部分での面積分の和で定義し，より一般に（滑らかな部分をさらに分割する場合も込めて）$S = S_1 + \cdots + S_m$ と表されているときの S 上の面積分は

$$\iint_S \phi\, dS = \iint_{S_1} \phi\, dS + \cdots + \iint_{S_m} \phi\, dS$$

となる．ここで，

$$dS = |\,(\boldsymbol{r}_u \times \boldsymbol{r}_v)(u,v)\,|\, dudv$$

を**面積要素** (surface element) という．

例 $\boldsymbol{r}(u,v) = (x(u,v), y(u,v), z(u,v))$ のとき，
$$dS = \sqrt{\left(\frac{\partial(y,z)}{\partial(u,v)}\right)^2 + \left(\frac{\partial(z,x)}{\partial(u,v)}\right)^2 + \left(\frac{\partial(x,y)}{\partial(u,v)}\right)^2}\, dudv. \qquad \square$$

例 $\boldsymbol{r}(x,y) = (x, y, z(x,y))$ のとき，
$$dS = \sqrt{z_x^2(x,y) + z_y^2(x,y) + 1}\, dxdy. \qquad \square$$

注意 曲面 S : $\boldsymbol{r}(u,v), (u,v) \in D$ 上の 4 点 $\boldsymbol{r}(u_0, v_0), \boldsymbol{r}(u_0 + \Delta u, v_0)$, $\boldsymbol{r}(u_0 + \Delta u, v_0 + \Delta v), \boldsymbol{r}(u_0, v_0 + \Delta v)$ を頂点とする曲がった四辺形の面積 $\Delta S(u_0, v_0)$ は，$\boldsymbol{r}_u(u_0, v_0)\, \Delta u$ と $\boldsymbol{r}_v(u_0, v_0)\, \Delta v$ が張る平行四辺形の面積

$$|\,\boldsymbol{r}_u(u_0, v_0) \times \boldsymbol{r}_v(u_0, v_0)\,|\, \Delta u \Delta v$$

で近似され，これらを限りなく小さくしながら，曲面全体における総和をとったものが，曲面 S の面積の定義であると考える．

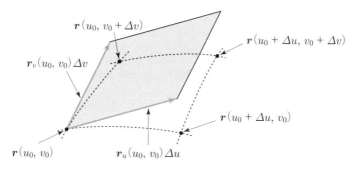

例 球面 $S : x^2 + y^2 + z^2 = a^2$ の場合，通常の球面座標による媒介変数表示

$$\boldsymbol{r} = (a \sin\theta \cos\varphi, \, a \sin\theta \sin\varphi, \, a \cos\theta), \ \ 0 \leq \theta \leq \pi, \, 0 \leq \varphi \leq 2\pi$$

を用いると，

$$\boldsymbol{r}_\theta = (a \cos\theta \cos\varphi, \, a \cos\theta \sin\varphi, \, -a \sin\theta),$$

$$\boldsymbol{r}_\varphi = (-a \sin\theta \sin\varphi, \, a \sin\theta \cos\varphi, \, 0),$$

$$\boldsymbol{r}_\theta \times \boldsymbol{r}_\varphi = (a^2 \sin^2\theta \cos\varphi, \, a^2 \sin^2\theta \sin\varphi, \, a^2 \sin\theta \cos\theta),$$

$$|\, \boldsymbol{r}_\theta \times \boldsymbol{r}_\varphi \,| = a^2 \sin\theta$$

より，

$$\iint_S dS = \iint_{\substack{0 \leq \theta \leq \pi \\ 0 \leq \varphi \leq 2\pi}} a^2 \sin\theta \, d\theta d\varphi = 4\pi a^2$$

となって，馴染みの値が得られる. □

例 S を単位球面 $x^2 + y^2 + z^2 = 1$ として，面積分 $I = \iint_S (x^2 + y^2) \, dS$ を求めようとするとき，$J = \iint_S x^2 \, dS = \iint_S y^2 \, dS = \iint_S z^2 \, dS$ によって $I = 2J$ と表されることに注意する一方，S の上では $x^2 + y^2 + z^2 = 1$ なのだから $3J = \iint_S (x^2 + y^2 + z^2) \, dS = \iint_S dS = 4\pi$ が成り立つということを合わせると，$I = 2J = \frac{8\pi}{3}$ が得られる. このように，被積分関数や積分域の対称性を利用することによって，積分の値が求められることがある. □

しかし，次に続く例題は愚直に計算する必要がある.

—— **例題 3.4** ——

立体 $V : x^2 + y^2 \leq 1, \, 0 \leq z \leq 1 + x$ の表面を S とするとき，面積分 $\iint_S z \, dS$ を求めなさい．

【解答】 図のように S を 3 つの部分に分けて，$\iint_S = \iint_{S_1} + \iint_{S_2} + \iint_{S_3}$ とする．

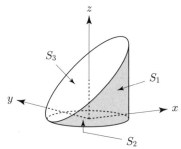

まず，S_1 の媒介変数表示を
$$\boldsymbol{r} = (\cos\theta, \, \sin\theta, \, z), \quad 0 \leq \theta \leq 2\pi, \quad 0 \leq z \leq 1 + \cos\theta$$
とすると，$\boldsymbol{r}_\theta \times \boldsymbol{r}_z = (\cos\theta, \, \sin\theta, \, 0)$ および $|\boldsymbol{r}_\theta \times \boldsymbol{r}_z| = 1$ より，

$$\iint_{S_1} z \, dS = \iint_{\substack{0 \leq \theta \leq 2\pi \\ 0 \leq z \leq 1 + \cos\theta}} z \, d\theta \, dz = \int_0^{2\pi} d\theta \int_0^{1 + \cos\theta} z \, dz$$

$$= \int_0^{2\pi} \frac{1}{2}(1 + \cos\theta)^2 \, d\theta = \frac{3}{2}\pi.$$

次に，S_2 の上で被積分関数 z はゼロであるから，$\iint_{S_2} z \, dS = 0$.

さらに，S_3 の媒介変数表示を
$$\boldsymbol{r} = (x, \, y, \, 1 + x), \quad 0 \leq x^2 + y^2 \leq 1$$
とすると，$\boldsymbol{r}_x \times \boldsymbol{r}_y = (-1, \, 0, \, 1)$ および $|\boldsymbol{r}_\theta \times \boldsymbol{r}_z| = \sqrt{2}$ より，

$$\iint_{S_3} z \, dS = \iint_{x^2 + y^2 \leq 1} z \, dS = \iint_{x^2 + y^2 \leq 1} (1 + x)\sqrt{2} \, dxdy$$

$$= \sqrt{2} \iint_{\substack{0 \leq \theta \leq 2\pi \\ 0 \leq r \leq 1}} (1 + r\cos\theta) \, r \, drd\theta = \sqrt{2}\,\pi.$$

以上より，$\iint_S z \, dS = \left(\frac{3}{2} + \sqrt{2}\right)\pi$ である． $\square$

── 例題 3.5 ──

次の面積分を計算しなさい.

$$\iint_S (x^2 + y^2)\, dS, \quad S:\ x^2 + y^2 + z^2 = 4,\ z \geq 1.$$

【解答】　$z = \sqrt{4 - x^2 - y^2}$ とすれば, $1 + z_x^2 + z_y^2 = 4\,(4 - x^2 - y^2)^{-1}$ であり, S の xy-平面への射影が $D = \{(x, y) \mid x^2 + y^2 \leq 3\}$ であるから,

$$\iint_S (x^2 + y^2)\, dS = \iint_D (x^2 + y^2)\sqrt{4\,(4 - x^2 - y^2)^{-1}}\, dxdy$$

$$= 2 \iint_{x^2 + y^2 \leq 3} \frac{x^2 + y^2}{\sqrt{4 - x^2 - y^2}}\, dxdy$$

$$= 2 \int_0^{\sqrt{3}} dr \int_0^{2\pi} d\theta\, \frac{r^2}{\sqrt{4 - r^2}} \cdot r \qquad [\, x = r\cos\theta,\ y = r\sin\theta\,]$$

$$= 4\pi \int_0^{\sqrt{3}} \frac{r^3}{\sqrt{4 - r^2}}\, dr = 4\pi \times \frac{5}{3} = \frac{20}{3}\pi.$$

ここで, 最後の積分の計算は, 例えば, $r = 2\sin\theta$ によって積分変数を r から θ に変換して

$$\int_0^{\sqrt{3}} \frac{r^3}{\sqrt{4 - r^2}}\, dr = 2^3 \int_0^{\sqrt{3}} \sin^3\theta\, d\theta = \frac{5}{3}.$$

【別解】　曲面 S の媒介変数表示を

$$\boldsymbol{r} = 2(\sin\theta\cos\varphi,\ \sin\theta\sin\varphi,\ \cos\theta),\quad 0 \leq \theta \leq \frac{\pi}{3},\ 0 \leq \varphi \leq 2\pi$$

で与えると, $\boldsymbol{r}_\theta \times \boldsymbol{r}_\varphi = 2^2(\sin^2\theta\cos\varphi,\ \sin^2\theta\sin\varphi,\ \sin\theta\cos\theta)$ および $|\boldsymbol{r}_\theta \times \boldsymbol{r}_\varphi| = 2^2\sin\theta$ から,

$$\iint_S (x^2 + y^2)\, dS = \iint_{\substack{0 \leq \theta \leq \frac{\pi}{3} \\ 0 \leq \varphi \leq 2\pi}} (2\sin\theta)^2\, 2^2\sin\theta\, d\theta d\varphi$$

$$= 2^4 \int_0^{2\pi} d\varphi \int_0^{\frac{\pi}{3}} \sin^3\theta\, d\theta = 2^5\pi \int_0^{\frac{\pi}{3}} \sin^3\theta\, d\theta = \frac{20}{3}\pi. \qquad \square$$

問　平面 $2x + 2y + z = 2$ が座標軸と交わる点を A, B, C とする．3 点 A, B, C を結ぶ線分で囲まれた三角形を S とするとき，スカラー関数 $\phi = 4x + 2y + z$ の S 上の面積分 $\iint_S \phi\, dS$ を求めなさい．

3.5　ベクトル関数の面積分

ベクトル関数 $\boldsymbol{A}$ が滑らかな曲面 $S : \boldsymbol{r}(u,\, v)$, $(u,\, v) \in D$ を含む領域で定義され，$\boldsymbol{n}$ が曲面 S の単位法線ベクトルを表すとき，内積 $\boldsymbol{A} \cdot \boldsymbol{n}$ は曲面 S 上のスカラー関数になるのだから，それの面積分を考えることができ，

$$\iint_S \boldsymbol{A} \cdot \boldsymbol{n}\, dS = \iint_D \boldsymbol{A}(\boldsymbol{r}(u,\, v)) \cdot (\boldsymbol{r}_u(u,\, v) \times \boldsymbol{r}_v(u,\, v))\, dudv$$

となる．これをベクトル関数 $\boldsymbol{A}$ の曲面 S における**面積分**（surface integral）という．$\boldsymbol{n}\, dS$ は $d\boldsymbol{S}$ と書かれることも多い．

ここで，例えば，$\boldsymbol{A}$ が流体の速度を表すとき，$\boldsymbol{A} \cdot \boldsymbol{n}\, \Delta S$ は曲面の小切片 ΔS を単位時間に通過する流体の体積である．したがって，面積分 $\iint_S \boldsymbol{A} \cdot \boldsymbol{n}\, dS$ は，単位時間に S を通過する流体の総量を表す．そのようなことから，積分 $\iint_S \boldsymbol{A} \cdot d\boldsymbol{S} = \iint_S \boldsymbol{A} \cdot \boldsymbol{n}\, dS$ は**流量積分**または**流速積分**（flux integral）とも呼ばれる．

例題 3.6

平面 $2x + 2y + z = 4$ が座標軸と交わる点を A, B, C とする．3 点 A, B, C を結ぶ線分で囲まれた三角形を S とするとき，ベクトル関数 $\boldsymbol{A} = (z,\, x,\, y)$ の S 上の面積分 $\iint_S \boldsymbol{A} \cdot \boldsymbol{n}\, dS$ を求めなさい．ただし，原点を含まない側を S の表とする．

【解答】　三角形 S は，S の xy-平面への射影

$$D = \{\, (x,\, y) \mid x \geq 0,\ y \geq 0,\ 2 \geq x + y \,\}$$

における関数 $\boldsymbol{r} = (x,\, y,\, 4 - 2x - 2y)$ として表すことができ，$\boldsymbol{r}_x = (1,\, 0,\, -2)$, $\boldsymbol{r}_y = (0,\, 1,\, -2)$, $\boldsymbol{r}_x \times \boldsymbol{r}_y = (2,\, 2,\, 1)$ であり，$\boldsymbol{r}_x \times \boldsymbol{r}_y$ は正の方向を向いている．一方，S 上では $\boldsymbol{A} = (z,\, x,\, y) = (4 - 2x - 2y,\, x,\, y)$ だから，

$$\iint_S \boldsymbol{A} \cdot \boldsymbol{n}\, dS = \iint_D \boldsymbol{A} \cdot (\boldsymbol{r}_x \times \boldsymbol{r}_y)\, dxdy$$

$$= \iint_D (4 - 2x - 2y,\, x,\, y) \cdot (2,\, 2,\, 1)\, dx dy$$

$$= \int_0^2 dx \int_0^{2-x} dy\, (8 - 2x - 3y) = \frac{28}{3}. \qquad \square$$

問 1　ベクトル関数 $\boldsymbol{A} = (xy,\, z,\, 0)$ の平面 $S : x + y + z = 2,\ x \geq 0,\ y \geq 0,\ z \geq 0$ における面積分 $\iint_S \boldsymbol{A} \cdot \boldsymbol{n}\, dS$ を求めなさい. ただし, 原点を含まない側を S の表とする.

問 2　ベクトル関数 $\boldsymbol{A} = (xz,\, 0,\, -xy)$ の曲面 $S : z = xy,\ 0 \leq x \leq 1,\ 0 \leq y \leq 2$ における面積分 $\iint_S \boldsymbol{A} \cdot \boldsymbol{n}\, dS$ を求めなさい. ただし, S の表は上を向いているものとする (3.3 節の注意参照).

例　原点を中心とする半径 a の球面 $S : x^2 + y^2 + z^2 = a^2$ におけるベクトル関数 $\boldsymbol{A} = (x^2 + y^2 + z^2)(x, y, z)$ の面積分 $\iint_S \boldsymbol{A} \cdot \boldsymbol{n}\, dS$ を求めるとき, S の単位法線ベクトル $\boldsymbol{n}$ が $\frac{\boldsymbol{r}}{a}$ であり, ベクトル関数 $\boldsymbol{A}$ も S 上では $a^2 \boldsymbol{r}$ となることに注意すれば, $\iint_S \boldsymbol{A} \cdot \boldsymbol{n}\, dS = a \iint_S \boldsymbol{r} \cdot \boldsymbol{r}\, dS = a^3 \iint_S dS = a^3 \times 4\pi a^2 = 4\pi a^5$ となる. スカラー関数の面積分の場合にも注意したが, 被積分関数や積分域の特徴を上手く捉えることにより, 簡単に積分の値が求まることがある. $\square$

しかし, 次の例題は愚直に計算する.

── 例題 3.7 ──

単位球面 $S : x^2 + y^2 + z^2 = 1$ におけるベクトル関数 $\boldsymbol{A} = (z,\, y,\, x)$ の面積分 $\iint_S \boldsymbol{A} \cdot \boldsymbol{n}\, dS$ を求めなさい.

【解答】　S の媒介変数表示を

$$\boldsymbol{r}(\theta,\, \varphi) = (\sin\theta \cos\varphi,\, \sin\theta \sin\varphi,\, \cos\theta),\ \ 0 \leq \theta \leq \pi,\ 0 \leq \varphi \leq 2\pi$$

とすると,

$$\boldsymbol{r}_\theta \times \boldsymbol{r}_\varphi = (\sin^2\theta \cos\varphi,\, \sin^2\theta \sin\varphi,\, \sin\theta \cos\theta),$$

$$\boldsymbol{A}(\boldsymbol{r}(\theta,\, \varphi)) = (\cos\theta,\, \sin\theta \sin\varphi,\, \sin\theta \cos\varphi)$$

であるから,

$$\iint_S \boldsymbol{A} \cdot \boldsymbol{n} \, dS = \iint_{\substack{0 \le \theta \le \pi \\ 0 \le \varphi \le 2\pi}} \boldsymbol{A}(\boldsymbol{r}(\theta, \varphi)) \cdot (\boldsymbol{r}_\theta \times \boldsymbol{r}_\varphi) \, d\theta d\varphi$$

$$= \iint_{\substack{0 \le \theta \le \pi \\ 0 \le \varphi \le 2\pi}} (2\sin^2\theta \cos\theta \cos\varphi + \sin^3\theta \sin^2\varphi) \, d\theta d\varphi$$

$$= \int_0^\pi \sin^3\theta \, d\theta \int_0^{2\pi} \sin^2\varphi \, d\varphi = \frac{4}{3}\pi$$

である. □

問 3 立体 $V : 0 \le z \le 1 - x^2 - y^2$ の表面を S とする. このとき, ベクトル関数 $\boldsymbol{A} = (y, x, z)$ の面積分 $\iint_S \boldsymbol{A} \cdot \boldsymbol{n} \, dS$ を求めなさい.

曲面 $S : \boldsymbol{r}(u, v), (u, v) \in D$ の単位法線ベクトルが

$$\boldsymbol{n}(\boldsymbol{r}(u, v)) = (n_1, n_2, n_3)(\boldsymbol{r}(u, v)) = (\cos\theta_1, \cos\theta_2, \cos\theta_3)(\boldsymbol{r}(u, v))$$

$$= \frac{1}{|\boldsymbol{r}_u \times \boldsymbol{r}_v|} \left(\frac{\partial(y, z)}{\partial(u, v)}, \frac{\partial(z, x)}{\partial(u, v)}, \frac{\partial(x, y)}{\partial(u, v)} \right),$$

面積要素が

$$dS = |(\boldsymbol{r}_u \times \boldsymbol{r}_v)(u, v)| \, dudv$$

であったから, $\boldsymbol{A}(\boldsymbol{r}) = (A_1, A_2, A_3)$ とすると,

$$\iint_S \boldsymbol{A} \cdot \boldsymbol{n} \, dS = \iint_S A_1 \, n_1 \, dS + \iint_S A_2 \, n_2 \, dS + \iint_S A_3 \, n_3 \, dS$$

$$= \iint_S A_1 \, \cos\theta_1 \, dS + \iint_S A_2 \, \cos\theta_2 \, dS + \iint_S A_3 \, \cos\theta_3 \, dS$$

$$= \iint_D A_1(\boldsymbol{r}(u, v)) \frac{\partial(y, z)}{\partial(u, v)} \, dudv + \iint_D A_2(\boldsymbol{r}(u, v)) \frac{\partial(z, x)}{\partial(u, v)} \, dudv$$

$$+ \iint_D A_3(\boldsymbol{r}(u, v)) \frac{\partial(x, y)}{\partial(u, v)} \, dudv$$

が成り立つが, 2-形式

$$\phi(\boldsymbol{r}) \, dy \wedge dz, \quad \phi(\boldsymbol{r}) \, dz \wedge dx, \quad \phi(\boldsymbol{r}) \, dx \wedge dy$$

の曲面 S における積分を

$$\iint_S \phi\, dy \wedge dz = \iint_D \phi(\boldsymbol{r}(u,v)) \frac{\partial(y,z)}{\partial(u,v)}\, dudv,$$

$$\iint_S \phi\, dz \wedge dx = \iint_D \phi(\boldsymbol{r}(u,v)) \frac{\partial(z,x)}{\partial(u,v)}\, dudv,$$

$$\iint_S \phi\, dx \wedge dy = \iint_D \phi(\boldsymbol{r}(u,v)) \frac{\partial(x,y)}{\partial(u,v)}\, dudv$$

で定義すると，

$$\iint_S \boldsymbol{A} \cdot \boldsymbol{n}\, dS = \iint_S A_1\, dy \wedge dz + \iint_S A_2\, dz \wedge dx + \iint_S A_3\, dx \wedge dy$$

が成り立つことがわかる．

象徴的に書けば，

$$dy \wedge dz = \frac{\partial(y,z)}{\partial(u,v)}\, dudv, \quad dz \wedge dx = \frac{\partial(z,x)}{\partial(u,v)}\, dudv,$$

$$dx \wedge dy = \frac{\partial(x,y)}{\partial(u,v)}\, dudv$$

であって，

$$dy \wedge dz = -dz \wedge dy, \quad dz \wedge dx = -dx \wedge dz, \quad dx \wedge dy = -dy \wedge dx$$

をみたすことがわかる．

なお，この意味でいえば，2-形式の積分が面積分であり，1-形式の積分が線積分である．

例　$S: \boldsymbol{r}(x,y) = (x, y, z(x,y))$, $(x,y) \in D$ であれば，$n_3 = 1$ であるから，

$$\iint_S \phi\, dx \wedge dy = \iint_D \phi(x, y, z(x,y))\, dxdy$$

である．

例 例題 3.6 の別解として

$$\iint_S \boldsymbol{A} \cdot \boldsymbol{n} \, dS = \int_S A_1 \, dy \wedge dz + \int_S A_2 \, dz \wedge dx + \int_S A_3 \, dx \wedge dy$$

$$= \int_S z \, dy \wedge dz + \int_S x \, dz \wedge dx + \int_S y \, dx \wedge dy$$

$$= \int_{S_{yz}} z \, dydz + \int_{S_{zx}} x \, dzdx + \int_{S_{xy}} y \, dxdy$$

という関係を用いることが考えられる. ここで, S の yz-平面への射影 D_{yz}, zx-平面への射影 D_{zx}, xy-平面への射影 D_{xy} が

$$D_{yz} = \{ (y, z) \mid y \geq 0, \ z \geq 0, \ 2y + z \leq 4 \},$$

$$D_{zx} = \{ (z, x) \mid z \geq 0, \ x \geq 0, \ z + 2x \leq 4 \},$$

$$D_{xy} = \{ (x, y) \mid x \geq 0, \ y \geq 0, \ x + y \leq 2 \}$$

であって, それぞれの領域における積分の値が

$$\int_{D_{yz}} z \, dydz = \frac{16}{3}, \quad \int_{D_{zx}} x \, dzdx = \frac{8}{3}, \quad \int_{D_{xy}} y \, dxdy = \frac{4}{3}$$

であるから, 併せて

$$\iint_S \boldsymbol{A} \cdot \boldsymbol{n} \, dS = \frac{16}{3} + \frac{8}{3} + \frac{4}{3} = \frac{28}{3}$$

となる. ☐

問 4 面積分 $\iint_S xy \, dx \wedge dy + zx \, dz \wedge dx + yz \, dy \wedge dz$ を計算しなさい. ただし, S は外向きを正とした球面 $x^2 + y^2 + z^2 = a^2$ における $x \geq 0, \ y \geq 0, \ z \geq 0$ の部分とする.

3.6 体 積 分

有界領域 V におけるスカラー関数 $\phi(\boldsymbol{r})$ の積分

$$\iiint_V \phi\, dV = \iiint_V \phi(\boldsymbol{r})\, dxdydz$$

はふつうの意味の 3 重積分であるが，図形 V において積分することを強調して**体積分**（volume integral）ということがある．そして，3-形式の積分を

$$\iiint_V \phi\, dx \wedge dy \wedge dz = \iiint_V \phi(x, y, z)\, dxdydz$$

により定義する．

第 3 章 章末問題

3.1 次の等式を示しなさい．ただし，C は閉曲線，ϕ はスカラー関数である．

(1) $\displaystyle \int_C \boldsymbol{r} \cdot d\boldsymbol{r} = 0.$ (2) $\displaystyle \int_C \phi\, d\boldsymbol{r} = - \int_C \boldsymbol{r}\, (\nabla\phi \cdot d\boldsymbol{r}).$

3.2 点 $(0, 0, 0)$, $(L, 0, 0)$, $(L, L, 0)$, $(0, L, 0)$, $(0, 0, 0)$ をこの順番に結んだ道 C とベクトル関数 $\boldsymbol{A}$ に関する次の値を求めなさい．

$$\lim_{L \to 0} \frac{1}{L^2} \int_C \boldsymbol{A} \cdot d\boldsymbol{r}.$$

3.3 ベクトル関数 $\boldsymbol{A}$ と $\boldsymbol{B}$ が，任意の曲面 S について

$$\iint_S \boldsymbol{A} \cdot \boldsymbol{n}\, dS = \iint_S \boldsymbol{B} \cdot \boldsymbol{n}\, dS$$

であるならば，$\boldsymbol{A} = \boldsymbol{B}$ であることを示しなさい．

第4章

積 分 定 理

ベクトル解析における 3 つの重要な積分定理，すなわち，グリーンの定理，ストークスの定理，ガウスの定理を学ぶ．いままでの準備は，これらの積分定理を理解し，使いこなすためのものである．

4.1　グリーンの定理

平面の有界な領域 D が，互いに交わらない有限個の単純閉曲線の和 $C = C_1 + C_2 + \cdots$ を境界にもっているとする．いま，境界 ∂D に沿って歩いたとき，D を左手に見ながら歩く方向を ∂D の正の方向とする．例えば，円板の境界である円周の正の向きは反時計まわりである．

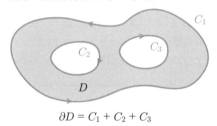

$$\partial D = C_1 + C_2 + C_3$$

定理 4.1（グリーンの定理（Green's theorem））　平面において，互いに交わらない有限個の単純閉曲線の和 $C = C_1 + C_2 + \cdots$ を境界にもつ有界な領域を D とする．D とその境界 $C = \partial D$ を含むある領域において定義された C^1-級の関数 $P(x, y)$, $Q(x, y)$ に対して，次が成り立つ．

$$\iint_D \left\{ \frac{\partial Q}{\partial x}(x, y) - \frac{\partial P}{\partial y}(x, y) \right\} dxdy = \int_C P(x, y)\, dx + Q(x, y)\, dy. \quad (4.1)$$

ただし，C の向きは D を左手に見ながら前進する方向を正とする．

平面上のベクトル関数 $\boldsymbol{A} = (P(x, y), Q(x, y))$ に対する回転を $\mathrm{rot}\,\boldsymbol{A} = \partial_x Q - \partial_y P$ とすれば，(4.1) は

$$\iint_D \mathrm{rot}\,\boldsymbol{A}\,dxdy = \int_C \boldsymbol{A} \cdot d\boldsymbol{r}$$

と表せる.

注意　すでに何度か用いた用語であるが，ここで確認しておくと，開集合 G が共通部分の無い 2 つの空でない開集合の和として表すことができないとき，G は**連結**（connected）であるといい，集合 D が開集合であってかつ連結であるとき，D は**領域**（domain）であるという．ここで，$G \subset \mathbb{R}^2$ が**開集合**（open set）であるとは，G の任意の点 $\mathrm{P} = (p_1, p_2)$ に対して，適当な $\varepsilon > 0$ を選べば

$$U_\varepsilon(\mathrm{P}) := \{(x, y) \in \mathbb{R}^2 \mid |(x, y) - (p_1, p_2)| < \varepsilon\} \subset G$$

となることであり，$G \subset \mathbb{R}^3$ が開集合であるとは，G の任意の点 $\mathrm{P} = (p_1, p_2, p_3)$ に対して，適当な $\varepsilon > 0$ を選べば

$$U_\varepsilon(\mathrm{P}) := \{(x, y, z) \in \mathbb{R}^3 \mid |(x, y, z) - (p_1, p_2, p_3)| < \varepsilon\} \subset G$$

となることである．また，集合 E の**境界**（boundary）∂E とは，E の境界点全体の集合であり，点 a が E の**境界点**（boundary point）であるとは点 a の任意の ε-近傍 $U_\varepsilon(a)$ が E の元もそうでない E^c の元も同時に含むことをいう.

── 例題 4.1 ─────────────────────

次の場合に，グリーンの定理を確認しなさい.

$$D = \{(x, y) \mid a \le x \le b,\ c \le y \le d\}.$$

【解答】　閉曲線 $C = \partial D$ を

$$C_1 : \boldsymbol{r}(t) = (t, c), \quad a \le t \le b,$$

$$C_2 : \boldsymbol{r}(t) = (b, t), \quad c \le t \le d,$$

$$C_3 : \boldsymbol{r}(x) = (a + b - t, d), \quad a \le t \le b,$$

$$C_4 : \boldsymbol{r}(y) = (a, c + d - t), \quad c \le t \le d$$

の 4 つにわけると，

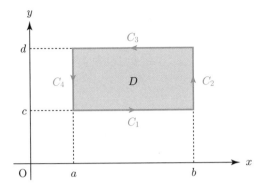

$$\int_{C_1} P(x,y)\,dx + Q(x,y)\,dy = \int_a^b P(t,\,c)\,dt,$$

$$\int_{C_2} P(x,y)\,dx + Q(x,y)\,dy = \int_c^d Q(b,t)\,dt,$$

$$\int_{C_3} P(x,y)\,dx + Q(x,y)\,dy = \int_a^b P(a+b-t,\,d)\,(-1)\,dt$$

$$= \int_b^a P(u,\,d)\,du = -\int_a^b P(t,\,d)\,dt,$$

$$\int_{C_4} P(x,y)\,dx + Q(x,y)\,dy = \int_c^d Q(a,\,c+d-t)(-1)\,dt$$

$$= \int_d^c Q(a,\,u)\,du = -\int_c^d Q(a,\,t)\,dt$$

であるから，

$$\int_C P(x,y)\,dx + Q(x,y)\,dy$$

$$= \int_a^b \{P(t,\,c) - P(t,\,d)\}\,dt + \int_c^d \{Q(b,t) - Q(a,\,t)\}\,dt$$

$$= \int_a^b \{P(x,\,c) - P(x,\,d)\}\,dx + \int_c^d \{Q(b,y) - Q(a,\,y)\}\,dy.$$

一方で，

$$\iint_D \frac{\partial Q}{\partial x}(x,y)\,dxdy = \int_c^d dy \int_a^b \frac{\partial Q}{\partial x}(x,y)\,dx$$

$$= \int_c^d \{Q(b,y) - Q(a,y)\}\,dy$$

および

$$-\iint_D \frac{\partial P}{\partial y}(x,y)\,dxdy = -\int_a^b dx \int_c^d \frac{\partial P}{\partial y}(x,y)\,dy$$

$$= -\int_a^b \{P(x,\,d) - P(x,\,c)\}\,dx$$

$$= \int_a^b \{P(x,\,c) - P(x,\,d)\}\,dx$$

であるから，確かに (4.1) が成り立っている．　　　　　　　　　　□

注意　下の左図のように D_1, D_2 を並べて，それぞれに対する (4.1) の右辺の和 $\int_{\partial D_1} + \int_{\partial D_2}$ を考える．このとき，∂D_1 と ∂D_2 の共通部分では線積分の向きが互いに逆であるから，この部分の線積分は打ち消しあう．したがって，$D = D_1 + D_2$ としたときの境界を ∂D とすると，$\int_{\partial D_1} + \int_{\partial D_2} = \int_{\partial D}$ となる．他方で，$\iint_{D_1} + \iint_{D_2} = \iint_D$ は明らかなのだから，結局，D においてグリーンの定理が成り立つことがわかる．このことをより一般化して，与えられた閉曲線の中に，とてつもなく小さなタイルを敷き詰めれば，結局，その閉曲線とそれに囲まれた領域においてグリーンの定理が成り立つ．これがグリーンの定理の直観的な説明である．

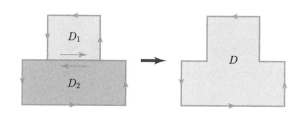

── 例題 4.2 ──

$$P(x,y) = -\frac{y}{x^2+y^2}, \quad Q(x,y) = \frac{x}{x^2+y^2}$$

とする. このとき, 閉曲線 C に対して,

$$\int_C P(x,y)\,dx + Q(x,y)\,dy = \begin{cases} 0, & \text{原点が } C \text{ の外部にあるとき,} \\ 2\pi, & \text{原点が } C \text{ の内部にあるとき} \end{cases}$$

が成り立つことを示しなさい.

【解答】 原点以外では

$$\frac{\partial Q}{\partial x}(x,y) - \frac{\partial P}{\partial y}(x,y) = \frac{y^2-x^2}{(x^2+y^2)^2} + \frac{x^2-y^2}{(x^2+y^2)^2} = 0$$

であるから, 原点が C の外部にあるときはグリーンの定理から明らか.

原点が C の内部にあるときは, 原点を中心として C の内部に収まる半径 ε の円 C_ε をとり, C と C_ε とで囲まれた領域を D とすれば, もはや原点は D の外部にあるのだから, グリーンの定理より,

$$\left(\int_C + \int_{C_\varepsilon}\right) P(x,y)\,dx + Q(x,y)\,dy = 0.$$

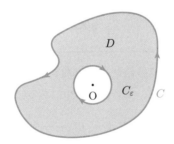

ただし, ここでの, C_ε の向きは D を左に見ながら進む方向ということから, 時計回りであることに注意して, $-C_\varepsilon : \boldsymbol{r}(\theta) = (\varepsilon\cos\theta, \varepsilon\sin\theta)$, $0 \leq \theta \leq 2\pi$ として,

$$\int_C P(x,y)\,dx + Q(x,y)\,dy = -\int_{C_\varepsilon} P(x,y)\,dx + Q(x,y)\,dy$$

$$= \int_{-C_\varepsilon} P(x, y)\, dx + Q(x, y)\, dy = \int_0^{2\pi} \left\{ P(\boldsymbol{r}(\theta)) \frac{dx}{d\theta} + Q(\boldsymbol{r}(\theta)) \frac{dy}{d\theta} \right\} d\theta$$

$$= \int_0^{2\pi} \left\{ -\frac{\sin\theta}{\varepsilon}(-\varepsilon\sin\theta) + \frac{\cos\theta}{\varepsilon}(\varepsilon\cos\theta) \right\} d\theta = \int_0^{2\pi} d\theta = 2\pi. \qquad \square$$

平面において，領域 D 内の任意の閉曲線が D 内で連続的に 1 点に縮められるとき，このような領域は**単連結**（simply connected）であるという．直観的にいえば，穴の開いていない領域のことである．例えば，平面全体，円の内部，閉曲線で囲まれた内部は単連結領域の代表例である．

これに対して，単連結でない領域を**複連結**または**多重連結**（multiply connected）という．穴が 1 個の領域を 2 重連結領域，一般に，穴が $n-1$ 個の領域を n 重連結という．（単連結の定義は，そのまま，空間の場合にもあてはまる．）例えば，平面から原点を除いた領域 $\mathbb{R}^2 \setminus \{\mathrm{O}\}$ や，単位円板の内部から原点を除いた領域 $\{(x, y) \mid 0 < x^2 + y^2 < 1\}$ は 2 重連結領域である．

閉曲線が 1 点に縮む様子　　　　単連結　　　　　　2 重連結

── 例題 4.3 ──

平面におけるある単連結領域に C^1-級の関数 $P = P(x, y)$，$Q = Q(x, y)$ が与えられている．この領域の中にある任意の閉曲線 C に対して

$$\int_C P\, dx + Q\, dy = 0$$

となる必要十分条件は

$$\frac{\partial Q}{\partial x} = \frac{\partial P}{\partial y}$$

が成り立つことであることを示しなさい．

【解答】 （十分性）C が囲む領域を D とすると，グリーンの定理より，

$$\int_C P\,dx + Q\,dy = \iint_D \left(\frac{\partial Q}{\partial x} - \frac{\partial P}{\partial y} \right) dxdy$$

$$= \iint_D 0\,dxdy = 0.$$

（必要性）もしも，ある点 A において

$$Q_x(\mathrm{A}) - P_y(\mathrm{A}) > 0$$

だとすると，関数 P, Q の連続性から，A を中心とする，小さな近傍 $U_\varepsilon(\mathrm{A})$ の上で $Q_x - P_y > 0$ である．ところが，そうだとすると，

$$\int_{\partial U_\varepsilon(\mathrm{A})} P\,dx + Q\,dy = \iint_{U_\varepsilon(\mathrm{A})} (Q_x - P_y)\,dxdy > 0$$

となって，矛盾する．ある点 A において $Q_x(\mathrm{A}) - P_y(\mathrm{A}) < 0$ だったとしても，同様である．したがって，任意の点で

$$Q_x - P_y = 0$$

である． □

問 平面上の互いに交わらない単純閉曲線で囲まれた有界領域 D の面積 $|D|$ は次の表示をもつことを示しなさい．

$$|D| = \frac{1}{2} \int_{\partial D} -y\,dx + x\,dy.$$

4.2 ストークスの定理

　平面におけるグリーンの定理を 3 次元空間の場合に拡張したものがストークスの定理である．線積分については，平面における線積分を空間における線積分でおきかえるだけであるが，重積分については，空間の曲面 S における面積分におきかえる．その際，曲面 S の向き（どちらが表か裏か）と，曲面 S の境界 $C = \partial S$ の向きが重要で，S の表からみて，反時計回りが C の正の向きと約束する．C の正の向きは，S を左手に見ながら進む方向といってもよい．なお，曲面 S の表とは S の正の方向つまり S の法線ベクトルの方向のことである．

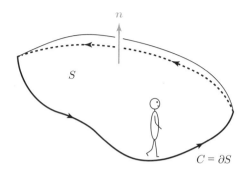

定理 **4.2**（ストークスの定理（Stokes' theorem））　空間において，互いに交わらない有限個の単純閉曲線の和 $C = C_1 + C_2 + \cdots$ を境界にもつ有界な曲面を S とする．S とその境界 $C = \partial S$ を含む領域において定義された C^1-級のベクトル関数 $\boldsymbol{A} = \boldsymbol{A}(\boldsymbol{r}) = (A_1(\boldsymbol{r}), A_2(\boldsymbol{r}), A_3(\boldsymbol{r}))$ に対して，次が成り立つ．

$$\int_C \boldsymbol{A} \cdot d\boldsymbol{r} = \iint_S \operatorname{rot} \boldsymbol{A} \cdot d\boldsymbol{S}. \tag{4.2}$$

ただし，C の向きは D を左手に見ながら前進する方向を正とする．

　等式 (4.2) は，

$$\int_C A_1 \, dx + A_2 \, dy + A_3 \, dz = \iint_S \left(\frac{\partial A_3}{\partial y} - \frac{\partial A_2}{\partial z} \right) dy \wedge dz$$
$$+ \left(\frac{\partial A_1}{\partial z} - \frac{\partial A_3}{\partial x} \right) dz \wedge dx + \left(\frac{\partial A_2}{\partial x} - \frac{\partial A_1}{\partial y} \right) dx \wedge dy \tag{4.3}$$

とも書ける．

注意　ストークスの定理によると，いちど曲線 C を固定してしまえば，$C = \partial S$ なる曲面 S をどのようにとっても，面積分 $\iint_S \operatorname{rot} \boldsymbol{A} \cdot d\boldsymbol{S}$ の値は変わらない．逆に言えば，S 上の面積分 $\iint_S \operatorname{rot} \boldsymbol{A} \cdot d\boldsymbol{S}$ は，S の境界 ∂S のみによって表されるということであり，微分積分学の基本公式 $\int_a^b f'(x) \, dx = f(b) - f(a)$，および，曲線 C の端点を $\boldsymbol{r}(a), \boldsymbol{r}(b)$ としたときの保存力場における線積分 $\int_C \operatorname{grad} \varphi(\boldsymbol{r}) \cdot d\boldsymbol{r} = \varphi(\boldsymbol{r}(b)) - \varphi(\boldsymbol{r}(a))$ の自然な一般化になっていると考えられる．

例題 4.4

ベクトル場を $\boldsymbol{A} = (y, z, x)$ とし，曲線 C を図に与えたものとする．
(1) ストークスの定理を用いて線積分 $\int_C \boldsymbol{A} \cdot d\boldsymbol{r}$ を求めなさい．
(2) ストークスの定理を用いず，直接，線積分 $\int_C \boldsymbol{A} \cdot d\boldsymbol{r}$ を求めなさい．

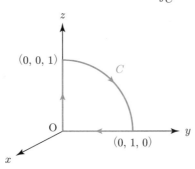

【解答】 (1) ストークスの定理を用いるので，まず，$\mathrm{rot}\,\boldsymbol{A} = (-1, -1, -1)$ であることを計算しておく．次に，C を境界とする曲面 S を決めねばならないが，yz-平面に含まれている 4 分円板をとるのが最も自然であろうから，それを選んでおく．このとき，S の方向（表）は x-軸の負の方向であることに注意する．それはさておき，S の媒介変数表示を

$$\boldsymbol{r}(r, \theta) = (0, \, r\cos\theta, \, r\sin\theta), \quad 0 \le r \le 1, \, 0 \le \theta \le \frac{\pi}{2}$$

とすれば，$\boldsymbol{r}_r = (0, \cos\theta, \sin\theta)$, $\boldsymbol{r}_\theta = (0, -r\sin\theta, r\cos\theta)$ および $\boldsymbol{r}_r \times \boldsymbol{r}_\theta = (r, 0, 0)$ となるが，ここで，$\boldsymbol{r}_r \times \boldsymbol{r}_\theta$ は x-軸の正の方向を向いているので，正しい向きを付けるために $\boldsymbol{r}_\theta \times \boldsymbol{r}_r = (-r, 0, 0)$ を S の法線ベクトルとする．以上を踏まえて，

$$\int_C \boldsymbol{A} \cdot d\boldsymbol{r} = \iint_S \mathrm{rot}\,\boldsymbol{A} \cdot d\boldsymbol{S} = \int_0^1 \int_0^{\frac{\pi}{2}} \mathrm{rot}\,\boldsymbol{A}(\boldsymbol{r}(r, \theta)) \cdot (\boldsymbol{r}_\theta \times \boldsymbol{r}_r) \, d\theta dr$$

$$= \int_0^1 \int_0^{\frac{\pi}{2}} (-1, -1, -1) \cdot (-r, 0, 0) \, d\theta dr = \int_0^1 \int_0^{\frac{\pi}{2}} r \, d\theta dr = \frac{\pi}{4} \, .$$

(2) 図のように C を 3 つの部分に分けて，$\int_C = \int_{C_1} + \int_{C_2} + \int_{C_3}$ であることを用いる．

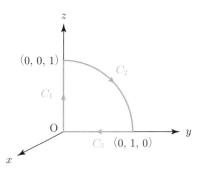

まず，C_1 の媒介変数表示を $\boldsymbol{r}(t) = (0,0,t)$, $0 \leq t \leq 1$ とすれば，$\boldsymbol{r}'(t) = (0,0,1)$ だから，$\boldsymbol{A}(\boldsymbol{r}(t)) \cdot \boldsymbol{r}'(t) = (0,t,0) \cdot (0,0,1) = 0$ となって，$\int_{C_1} \boldsymbol{A} \cdot d\boldsymbol{r} = 0$. C_3 についても同様で $\int_{C_3} \boldsymbol{A} \cdot d\boldsymbol{r} = 0$.

次に，C_2 の媒介変数表示を $\boldsymbol{r}(t) = (0, \sin t, \cos t)$, $0 \leq t \leq \frac{\pi}{2}$ とすれば，$\boldsymbol{r}'(t) = (0, \cos t, -\sin t)$ だから，

$$
\int_{C_3} \boldsymbol{A} \cdot d\boldsymbol{r} = \int_0^{\frac{\pi}{2}} \boldsymbol{A}(\boldsymbol{r}(t)) \cdot \boldsymbol{r}'(t)\, dt
$$
$$
= \int_0^{\frac{\pi}{2}} (\sin t, \cos t, 0) \cdot (0, \cos t, -\sin t)\, dt = \int_0^{\frac{\pi}{2}} \cos^2 t\, dt = \frac{\pi}{4}.
$$

以上より，$\int_C \boldsymbol{A} \cdot d\boldsymbol{r} = \frac{\pi}{4}$. □

平面の場合と同様，空間においても，領域 D 内の任意の閉曲線が D 内で連続的に 1 点に縮められるとき，D を**単連結**（simply connected）という．D の任意の 2 点 A, B と，A から B へ至る任意の連続曲線 C_1, C_2 に対して，C_1 が C_2 に連続変形できることと言ってもよい．

全空間はもちろん，全空間から有限個の点，線分，半直線，球体（球の表面と内部の和集合）を除いた残りは単連結であり，球体や立方体の内部や表面も単連結であるが，xyz-空間から z-軸またはそれを太らせたものを除いたものや，トーラスの内部や表面は単連結でない．

平面の場合では，平面から 1 点を除いたものは単連結でないので，注意が必要である．

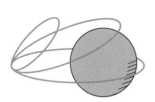

球体を除いた空間において
は閉曲線が1点に縮む

無限に長い管を除いた空間で
は閉曲線が必ずしも1点に縮
まない

— 例題 4.5 —

単連結領域においては，任意の閉曲線 C に対して $\int_C \boldsymbol{A} \cdot d\boldsymbol{r} = 0$ とな
るための必要十分条件は $\mathrm{rot}\,\boldsymbol{A} = \boldsymbol{0}$ が成り立つことであることを示しなさ
い．ただし，$\boldsymbol{A}$ は C^1-級とする．

【解答】 （十分性） 単連結性から C を境界とする閉曲面 S をとることができ
るので，$\mathrm{rot}\,\boldsymbol{A} = \boldsymbol{0}$ ならば，ストークスの定理より，

$$\int_C \boldsymbol{A} \cdot d\boldsymbol{r} = \iint_S \mathrm{rot}\,\boldsymbol{A} \cdot \boldsymbol{n}\, dS = 0.$$

（必要性） もしも，ある点 P において $(\mathrm{rot}\,\boldsymbol{A})(\mathrm{P}) > 0$ だとすると，$\mathrm{rot}\,\boldsymbol{A}$ の連
続性から，P を中心とする，小さな近傍 $U_\varepsilon(\mathrm{P})$ の上で $\mathrm{rot}\,\boldsymbol{A} > 0$ である．そ
こで，$\mathrm{rot}\,\boldsymbol{A}$ と同じ方向を法線にもつ $U_\varepsilon(\mathrm{P})$ における曲面 S_ε をもってくると，
$U_\varepsilon(\mathrm{P})$ においては $\mathrm{rot}\,\boldsymbol{A}$ と S_ε の単位法線ベクトル $\boldsymbol{n}_\varepsilon$ とはある定数 $\alpha > 0$ が
あって，$S_\varepsilon = \alpha \boldsymbol{n}_\varepsilon$ である．したがって，ストークスの定理より，

$$\int_{\partial S_\varepsilon} \boldsymbol{A} \cdot d\boldsymbol{r} = \iint_{S_\varepsilon} \mathrm{rot}\,\boldsymbol{A} \cdot \boldsymbol{n}\, dS = \alpha \iint_{S_\varepsilon} \boldsymbol{n} \cdot \boldsymbol{n}\, dS > 0$$

となって，矛盾する．点 P において $(\mathrm{rot}\,\boldsymbol{A})(\mathrm{P}) < 0$ だったとしても，同様．
したがって，任意の点で $\mathrm{rot}\,\boldsymbol{A} = \boldsymbol{0}$ である． □

例 時間に依存して変化する磁束密度 $\boldsymbol{B} = \boldsymbol{B}(r, t)$ の作る電場を $\boldsymbol{E} = \boldsymbol{E}(r, t)$
とすれば，任意の曲面片 S に対して

$$\int_{\partial S} \boldsymbol{E} \cdot d\boldsymbol{r} = -\frac{d}{dt} \iint_S \boldsymbol{B} \cdot d\boldsymbol{S} \quad （ファラデーの法則（Faraday's law））$$

であるが，左辺にストークスの定理を適用すれば，$\int_{\partial S} \boldsymbol{E} \cdot d\boldsymbol{r} = \int_{S} \mathrm{rot}\, \boldsymbol{E} \cdot d\boldsymbol{S}$ であるから，

$$\int_{S} \mathrm{rot}\, \boldsymbol{E} \cdot d\boldsymbol{S} = -\frac{d}{dt} \iint_{S} \boldsymbol{B} \cdot d\boldsymbol{S}$$

である．そして，これが任意の曲面 S について成り立つことから，

$$\mathrm{rot}\, \boldsymbol{E} = -\frac{\partial B}{\partial t}$$

が得られる．同様に，空間に分布した定常電流の場 I が作る磁場の磁束密度を $\boldsymbol{B}$ とするとき，任意の曲面片 S に対して

$$\int_{\partial S} \boldsymbol{B} \cdot d\boldsymbol{r} = -\mu_0 \iint_{S} \boldsymbol{I} \cdot \boldsymbol{n}\, dS \quad (\text{アンペールの法則（Ampère's law）})$$

だから，

$$\mathrm{rot}\, \boldsymbol{B} = -\mu_0 \boldsymbol{I}$$

が得られる. □

問 1 ストークスの定理を xy-平面で考えることにより，平面におけるグリーンの定理を導きなさい．

問 2 次のベクトル場 $\boldsymbol{A}$ と曲線 C についての線積分 $\int_{C} \boldsymbol{A} \cdot d\boldsymbol{r}$ を，ストークスの定理を利用して求めなさい．

(1)　ベクトル場を $\boldsymbol{A} = (x - z,\, x + y,\, y + z)$，曲線 C は $x^2 + y^2 = 1$ と $z = y$ の共通部分で，上から見て反時計回りを正の方向とする．

(2)　ベクトル場を $\boldsymbol{A} = (y,\, y^2,\, x + 2z)$，曲線 C は $x^2 + y^2 + z^2 = a^2$ と $y + z = a$ の共通部分で，上から見て反時計回りを正の方向とする．

4.3 ガウスの定理

　グリーンの定理とストークスの定理が線積分と面積分との関係を与えるのに対して，ガウスの定理は面積分と体積分との関係を与える．どれも微分積分学の基本公式 $\int_a^b f'(x)\, dx = f(b) - f(a)$ の一般化である．

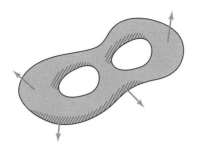

定理 4.3（ガウスの定理（Gauss' theorem），発散定理（divergence theorem））
空間において，互いに交わらない有限個の閉曲面の和 $S = S_1 + S_2 + \cdots$ で囲
まれた有界な領域を V とする．V および S を含む適当な領域において定義さ
れた C^1-級のベクトル関数 $\boldsymbol{A} = \boldsymbol{A}(\boldsymbol{r}) = (A_1(\boldsymbol{r}), A_2(\boldsymbol{r}), A_3(\boldsymbol{r}))$ に対して，次
が成り立つ．

$$\iint_S \boldsymbol{A} \cdot d\boldsymbol{S} = \iiint_V \operatorname{div} \boldsymbol{A} \, dV. \tag{4.4}$$

ただし，S の向きは，単位法線ベクトル $\boldsymbol{n}$ が V の内部から外部に向かう方向
を正とする．

ここで，(4.4) は

$$\iint_S A_1 \, dy \wedge dz + A_2 \, dz \wedge dx + A_3 \, dx \wedge dy$$
$$= \iiint_V \left(\frac{\partial A_1}{\partial x} + \frac{\partial A_2}{\partial y} + \frac{\partial A_3}{\partial z} \right) dV$$

などと書ける．

― **例題 4.6** ―――――――――――――――――――――――

　原点を中心にもつ半径 R の球面を S，内部を V，そして，$\boldsymbol{A} = (x, y, z)$
とする．このとき，ガウスの発散定理を確かめなさい．

【解答】 原点を中心にもつ半径 R の球面 S の単位法線ベクトルは $\boldsymbol{n} = \frac{(x, y, z)}{R}$
であるから，$\boldsymbol{A} \cdot \boldsymbol{n}|_S = \frac{x^2 + y^2 + z^2}{R} = R$ ゆえ，

$$\iint_S \boldsymbol{A} \cdot \boldsymbol{n}\, dS = R \iint_S dS = R \times 4\pi R^2 = 4\pi R^3.$$

ただし，ここで，$\iint_S dS$ が球の表面積であることを用いた．一方，$\mathrm{div}\,\boldsymbol{A} = 3$ だから，

$$\iiint_V \mathrm{div}\,\boldsymbol{A}\, dV = 3 \iiint_V dV = 3 \times \frac{4}{3}\pi R^3 = 4\pi R^3.$$

ただし，ここでも，$\iiint_V dV$ が球体の体積であることを用いた．以上で，ガウスの発散定理が正しいことが確認できた． $\qquad\square$

問 1　6つの面 $x = a_1$, $x = a_2$, $y = b_1$, $y = b_2$, $z = c_1$, $z = c_2$ ただし $a_1 < a_2$, $b_2 < b_2$, $c_1 < c_2$ によって囲まれた直方体 V とその表面 S についてガウスの発散定理が成り立つことを確認しなさい．

注意　2つの直方体 V_1 と V_2 を隣接させ，それぞれに対する (4.4) の左辺の和 $\iint_{\partial V_1} + \iint_{\partial V_2}$ を考える．このとき，∂V_1 と ∂V_2 の共通部分では，面積分の向きが互いに逆であるから，この部分からの面積分は打ち消しあう．したがって，$V = V_1 + V_2$ としたときの境界を ∂V とすると，$\iint_{\partial V_1} + \iint_{\partial V_2} = \iint_{\partial V}$ となる．他方で，$\iiint_{V_1} + \iiint_{V_2} = \iiint_V$ は明らかなのだから，結局，V におけるガウスの定理が成り立つことがわかる．このことを一般化して，いくつかの閉曲面に囲まれた領域に，とてつもなく小さなブロックを積みあげていくことを考えれば，それらの閉曲面で囲まれた領域においてガウスの発散定理が成り立つことがわかる．これがガウスの発散定理の直観的説明であることは，グリーンの定理の場合と全く同様である．

問 2　柱面 $x^2 + y^2 = R^2$, $R > 0$ と 2 平面 $z = a$, $z = b$, $b > a$ とで囲まれた領域を V，その境界面を S，そして，$\boldsymbol{A} = (x, y, z)$ とする．このとき，ガウスの発散定理を確かめなさい．

例題 4.7

　ベクトル場 $\boldsymbol{A} = (x^2 + y^2 + z^2)(x, y, z)$ に対する，半径 a の球面 S : $x^2 + y^2 + z^2 = a^2$ の上の面積分 $\iint_S \boldsymbol{A} \cdot \boldsymbol{n}\, dS$ を，発散定理を用いて体積積分の計算に帰着させることにより求めなさい．

【解答】　$\mathrm{div}\,\boldsymbol{A} = 5(x^2 + y^2 + z^2)$ であるから，発散定理より，

$$\iint_S \boldsymbol{A} \cdot \boldsymbol{n} \, dS = \iiint_V \operatorname{div} \boldsymbol{A} \, dV$$

$$= 5 \iiint_{x^2+y^2+z^2 \leq a^2} (x^2 + y^2 + z^2) \, dxdydz$$

$$= 5 \int_0^a dr \int_0^\pi d\theta \int_0^{2\pi} d\varphi \, r^2 \times r^2 \sin\theta$$

$$= 5 \int_0^a r^4 \, dr \int_0^\pi \sin\theta \, d\theta \int_0^{2\pi} d\varphi = 5 \times \frac{a^5}{5} \times 2 \times 2\pi = 4\pi a^5 . \qquad \square$$

問 3 ベクトル場 $\boldsymbol{A} = (3xz, \, -y^2, \, 2yz)$ の中にある，次の 8 点を頂点とする立方体の表面を S とする．

$$\text{O}(0, 0, 0), \ \text{A}(1, 0, 0), \ \text{B}(0, 1, 0), \ \text{C}(0, 0, 1),$$

$$\text{D}(1, 1, 0), \ \text{E}(1, 0, 1), \ \text{F}(0, 1, 1), \ \text{G}(1, 1, 1).$$

このとき，面積分 $\iint_S \boldsymbol{A} \cdot \boldsymbol{n} \, dS$ を (1) 直接，面積分を計算することにより，(2) 発散定理を用いて体積積分の計算に帰着させることにより求めなさい．

── 例題 4.8 ──

閉曲面 S で囲まれた有界な領域 V の体積 $|V|$ は

$$|V| = \iint_S x \, dy \wedge dz = \int_S y \, dz \wedge dx = \iint_S x \, dy \wedge dz = \frac{1}{3} \iint_S \boldsymbol{r} \cdot d\boldsymbol{S}$$

と表されることを示しなさい．ただし，$\boldsymbol{r} = (x, y, z)$ である．

【解答】 $\boldsymbol{A} = (x, 0, 0)$ のとき $\operatorname{div} \boldsymbol{A} = 1$ であることに注意すると，

$$|V| = \iiint_V dxdydz = \iiint_V \operatorname{div} \boldsymbol{A} \, dxdydz = \iint_S \boldsymbol{A} \cdot \boldsymbol{n} \, dS$$

$$= \iint_S (x, 0, 0) \cdot (n_1, n_2, n_3) \, dS = \iint_S x \, n_1 \, dS = \iint_S x \, dy \wedge dz$$

であり，

$$|V| = \int_S y \, dz \wedge dx = \iint_S x \, dy \wedge dz$$

も同様に示すことができて，これらを辺々加えると，

$$3\,|V| = \iint_S x\,dy \wedge dz + \int_S y\,dz \wedge dx + \iint_S x\,dy \wedge dz$$

$$= \iint_S x\,dy \wedge dz + y\,dz \wedge dx + x\,dy \wedge dz$$

$$= \iint_S (x,\,y,\,z) \cdot \boldsymbol{n}\,dS = \iint_S \boldsymbol{r} \cdot d\boldsymbol{S}. \qquad \square$$

　点 P を含む十分小さな閉領域 V にガウスの発散定理を適用してから体積微分を考えれば，

$$(\operatorname{div} \boldsymbol{A})(\mathrm{P}) = \lim_{|V| \to 0} \frac{1}{|V|} \iint_{\partial V} \boldsymbol{A} \cdot \boldsymbol{n}\,dS$$

が得られる．右辺は点 P における，表面 ∂V から流れ出す単位体積・単位時間あたりのベクトル $\boldsymbol{A}$ の流束（flux）を表し，$(\operatorname{div} \boldsymbol{A})(\mathrm{P}) > 0$ なる点 P を湧き出し（source），$(\operatorname{div} \boldsymbol{A})(\mathrm{P}) < 0$ なる点 P を吸い込み（sink）という．

── 例題 4.9 ─────────────

閉曲面 S の上の点 $\boldsymbol{r}$ および $r = |\boldsymbol{r}|$ に対して，

$$\iint_S \frac{\boldsymbol{r} \cdot \boldsymbol{n}}{r^3}\,dS = \begin{cases} 0, & \text{原点が } S \text{ の外部にあるとき，} \\ 4\pi, & \text{原点が } S \text{ の内部にあるとき} \end{cases}$$

が成り立つことを示しなさい．

【解答】　原点以外では $\operatorname{div} \frac{\boldsymbol{r}}{r^3} = 0$ であるから，原点が S の外部にあるときはガウスの定理から明らか．原点が S の内部にあるときは，原点を中心として S の内部に収まる半径 ε の球面 S_ε をとり，S と S_ε とで囲まれた領域を V とすれば，もはや原点は V の外部にあるのだから，ガウスの定理より，

$$\left(\iint_S + \iint_{S_\varepsilon} \right) \frac{\boldsymbol{r} \cdot \boldsymbol{n}}{r^3}\,dS = 0.$$

ここで，S_ε における単位法線ベクトル $\boldsymbol{n}$ は V の中から外に向かう方向ということから，原点に向かう方向となっていることに注意する．つまり，

$$\boldsymbol{n}|_{S_\varepsilon} = \frac{(-x,\,-y,\,-z)|_{S_\varepsilon}}{\varepsilon} = \frac{-\boldsymbol{r}|_{S_\varepsilon}}{\varepsilon}.$$

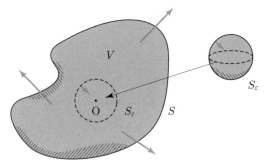

したがって, $\boldsymbol{r} \cdot \boldsymbol{n}|_{S_{\varepsilon}} = -\varepsilon$ であるから, 結局, 原点が S の内部にあるときは,

$$\iint_S \frac{\boldsymbol{r} \cdot \boldsymbol{n}}{r^3}\, dS = -\iint_{S_{\varepsilon}} \frac{\boldsymbol{r} \cdot \boldsymbol{n}}{r^3}\, dS = -\iint_{S_{\varepsilon}} \frac{(-\varepsilon)}{\varepsilon^3}\, dS$$

$$= \frac{1}{\varepsilon^2} \times 4\pi\varepsilon^2 = 4\pi$$

となる. □

例 原点 O におかれた電荷 q の点電荷の作る電場は

$$\boldsymbol{E} = \frac{q}{4\pi\varepsilon_0} \frac{\boldsymbol{r}}{r^3}$$

であるので, 上で得られたガウスの積分公式から

$$\varepsilon_0 \iint_S \boldsymbol{E} \cdot \boldsymbol{n}\, dS = \iint_S \varepsilon_0 \frac{q}{4\pi\varepsilon_0} \frac{\boldsymbol{r} \cdot \boldsymbol{n}}{r^3}\, dS$$

$$= \begin{cases} q, & q\ \text{が}\ S\ \text{の中にあるとき}, \\ 0, & q\ \text{が}\ S\ \text{の外にあるとき} \end{cases}$$

である. この結果は, 任意の閉曲面 S の場合に成り立っているということに注意したい. ◻

第 4 章　章末問題

4.1 単純閉曲線 C を境界とする曲面を S とする．次を示しなさい．

(1) $\displaystyle \int_C \nabla\phi \cdot d\boldsymbol{r} = 0.$

(2) $\displaystyle \iint_S (\nabla\phi \times \boldsymbol{A}) \cdot \boldsymbol{n}\,dS + \iint_S \phi\,(\mathrm{rot}\,\boldsymbol{A}) \cdot \boldsymbol{n}\,dS = \int_C \phi\,\boldsymbol{A} \cdot d\boldsymbol{r}.$

4.2 閉曲面 S で囲まれた有界な領域 V におけるスカラー関数を ϕ とする．次を示しなさい．

(1) $\displaystyle \iint_S (\nabla \times \boldsymbol{A}) \cdot \boldsymbol{n}\,dS = 0.$　　(2) $\displaystyle \iiint_V \nabla\phi\,dV = \iint_S \phi\,\boldsymbol{n}\,dS.$

(3) $\displaystyle \iint_S \boldsymbol{n}\,dS = \boldsymbol{0}.$

(4) $\displaystyle \iiint_V \boldsymbol{A} \cdot \nabla\phi\,dV = \iint_S \phi\boldsymbol{A} \cdot \boldsymbol{n}\,dS - \iiint_V \phi\nabla \cdot \boldsymbol{A}\,dV.$

4.3 全空間で定義されたベクトル場 $\boldsymbol{A}$ が $\mathrm{div}\,\boldsymbol{A} = 0$ である必要十分条件は，任意の閉曲面 S に対して $\iint_S \boldsymbol{A} \cdot d\boldsymbol{S} = 0$ が成立することであることを示しなさい．

4.4 閉曲面 S で囲まれた有界な領域を V とする．次を示しなさい．

$$\iint_S f\frac{\partial g}{\partial \boldsymbol{n}}\,dS = \iiint_V (\nabla f \cdot \nabla g + f\Delta g)\,dV, \tag{4.5}$$

$$\iint_S \left(f\frac{\partial g}{\partial \boldsymbol{n}} - g\frac{\partial f}{\partial \boldsymbol{n}}\right)dS = \iiint_V (f\Delta g - g\Delta f)\,dV. \tag{4.6}$$

ただし，$\frac{\partial}{\partial \boldsymbol{n}}$ は閉曲面 S の単位法線ベクトル $\boldsymbol{n}$ の方向への方向微分（2.5 節参照），$\Delta = \nabla^2$ はラプラシアンである．

注意　(4.5) はグリーンの第一公式（Green's first formula），(4.6) はグリーンの第二公式（Green's second formula）と呼ばれることがある．

第5章

1階常微分方程式

　自然現象のみならず多くの事象・法則が微分方程式によって記述される．まずは，微分方程式とは何かから学び始めよう．

5.1　微 分 方 程 式

　変数 x とその関数 $y = y(x)$ とその有限階の導関数 $y', y'', \ldots$ を含んだ方程式

$$F(x, y, y', \ldots, y^{(n)}) = 0$$

を**常微分方程式**（ordinary differential equation）といい，この関係式をみたす関数 $y = y(x)$ を方程式の**解**（solution）といい，解を求めることを，微分方程式を解くという．微分方程式に含まれる y の導関数の最高階数をその方程式の**階数**（order）という．また，関数 y とそのすべての導関数 $y', y'', \ldots$ について一次式であるものを**線形微分方程式**（linear differential equation），そうでないものを**非線形微分方程式**（non-linear differential equation）という．変数 x を独立変数，変数 y を従属変数ということがあり，解がまだわかっていないとき，変数 y を**未知関数**（unknown function）ということがある．

> **例**　(1)　$y' = y$ は 1 階の線形微分方程式.
> (2)　$yy' = 1$ は 1 階の非線形微分方程式.
> (3)　$y'' - y' - 2y = x$ は 2 階の線形微分方程式.
> (4)　$yy'' + y^2 = 1$ は 2 階の非線形微分方程式.
> (5)　$(1 + y'^2)y''' = 3y'y''^2$ は 3 階の非線形微分方程式.　　□

　また，$\phi = \phi(x, y) = \log(x^2 + y^2)$ がみたす

$$\frac{\partial^2 \phi}{\partial x^2} + \frac{\partial^2 \phi}{\partial y^2} = 0$$

や，$\phi = \phi(x, t) = \frac{1}{\sqrt{t}} \exp\left(-\frac{x^2}{4t}\right)$ $(t > 0)$ がみたす

$$\frac{\partial \phi}{\partial t} = \frac{\partial^2 \phi}{\partial x^2}$$

のような，独立変数の個数が 2 以上の微分方程式を**偏微分方程式**（partial differential equation）というが，本書では，もっぱら，常微分方程式を扱う．したがって，とくに断らない限り，微分方程式といえば常微分方程式のことを意味することとする．

　n 階の微分方程式の解で n 個の任意定数（arbitrary constant）を含むものを**一般解**（general solution），任意定数の一部またはすべてに値を代入して得られる解を**特解**または**特別解**または**特殊解**（これらは皆 particular solution の訳語），一般解の任意定数を（極限も許しながら）どのように選んでも得られない解を**特異解**（singular solution）という．

例　(1)　$y' = 0$ の一般解は任意定数 c を含む $y = c$ である．
(2)　$y'' = 0$ の一般解は任意定数 c_1, c_2 を含む $y = c_1 x + c_2$ である．
(3)　k を定数とする方程式 $y' = ky$ の一般解は任意定数 C を含む $y = Ce^{kx}$
　　である．　　　　　　　　　　　　　　　　　　　　　　　　　□

例　任意定数 c を含む関数 $y = (x - c)^2$ は微分方程式 $y'^2 = 4y$ の一般解である．一方，定数関数 $y = 0$ も $y'^2 = 4y$ の解である．ところが，$y = 0$ は $y = (x - c)^2$ の特殊解として得ることはできない．したがって，$y = 0$ は $y'^2 = 4y$ の特異解である．なお，本書で詳しい説明を行わないが，ここに現れた実軸 $y = 0$ は，一般解として現れる放物線（の族）の**包絡線**（envelope）という意味を持ち合わせており，一般に，曲線の包絡線は，微分方程式の特異解で表されることが知られている．　　　　　　　　　　　　　　　　　□

　定数 $b_0, b_1, \ldots, b_n$ を決めたとき，微分方程式 $F(x, y, y', \ldots, y^{(n)}) = 0$ の解に対する，点 $x = x_0$ における条件 $y(x_0) = b_0, y'(x_0) = b_1, \ldots, y^{(n)}(x_0) = b_n$ を**初期条件**（initial condition）といい，与えられた初期条件をみたす解を求めることを**初期値問題**（initial value problem）という．初期値問題は与えられた初期条件をみたす特殊解を求めることに対応している．

問　(1)　c_1, c_2 を任意定数とする $y = c_1 + c_2 x + \frac{1}{2}ax^2$ は $y'' = a$ の一般解である
ことを確かめなさい.

(2)　$y'' = a$ の解で, 初期条件 $y(0) = y_0$, $y'(0) = v$ をみたすものは $y = y_0 + vx + \frac{1}{2}ax^2$ であることを確かめなさい.

5.2　求 積 法

不定積分を有限回行うことで一般解を求める方法を**求積法**（quadrature）と
いう. ただし, y を x の関数と思ってもよいし, x を y の関数と思ってもよい
こととする.

5.2.1　変 数 分 離 形

変数 x のみの関数 $f(x)$ と変数 y のみの関数 $g(y)$ によって,

$$\frac{dy}{dx} = f(x)g(y) \tag{5.1}$$

と表される微分方程式を**変数分離形**（separable）という.

例題 5.1

微分方程式

$$y' = ky \tag{5.2}$$

を解きなさい. ただし, k は定数とする.

【解答】　まず, $y \neq 0$ だとすると, (5.2) の両辺を y で割って $\frac{y'}{y} = k$ という方
程式を得るが,

$$\int \frac{y'}{y}\,dx = \int \frac{1}{y}\frac{dy}{dx}\,dx = \int \frac{1}{y}\,dy = \log|y| + (積分定数)$$

であることを用いて, $\frac{y'}{y} = k$ の両辺を x で積分すると, $\int dy/y = \int k\,dx$ か
ら, c_1 を定数として, $\log|y| = kx + c_1$ つまり $y = \pm e^{kx + c_1}$ が得られる.

一方, さきほど除外した $y = 0$（恒等的にゼロである関数）も (5.2) の解で
ある.

そこで, $\pm e^{c_1}$ を C と置き直して,

$$y = C\,e^{kx} \quad (C \text{ は任意定数})$$

が (5.2) の一般解である．（定数関数 $y = 0$ という解は $y = C\,e^{kx}$ の $C = 0$ なる場合として取り込まれている．）

── 例題 5.2 ──

微分方程式

$$y' = 2xy \tag{5.3}$$

を解きなさい．

【解答】　さきほどと同様，$y \neq 0$ のときは，(5.3) の両辺を y で割った $\frac{y'}{y} = 2x$ の両辺を x で積分すると，$\int \frac{dy}{y} = \int 2x\,dx$ から，$\log|y| = x^2 + c_1$ つまり $y = \pm e^{x^2+c_1}$ が得られる．一方，定数関数 $y = 0$ も (5.3) の解である．したがって，

$$y = C\,e^{x^2} \quad (C \text{ は任意定数})$$

が (5.3) の一般解である（定数関数 $y = 0$ という解は $y = C\,e^{x^2}$ の $C = 0$ なる場合として取り込まれている）．

上の解答を振り返ると，$\frac{dy}{dx} = ky$ や $\frac{dy}{dx} = 2xy$ における dx と dy をあたかも普通の数のように

$$\frac{dy}{y} = k\,dx \quad \text{や} \quad \frac{dy}{y} = 2x\,dx \tag{5.4}$$

と変形してから，積分記号 $\int$ を被せて，$\log|y| = kx + c_1$ と $\log|y| = x^2 + c_1$ を導いているものとみなせる．(5.4) も，もともと積分の等式を表していたものから，簡単のため両辺から積分記号を省略したものと思うことにすれば，何ら特別なものではない．

実際．$g(y) \neq 0$ として (5.1) の両辺を $g(y)$ で割ってから，両辺を x で積分すると $\int \frac{1}{g(y)} \frac{dy}{dx}\,dx = \int f(x)\,dx$ であるが，左辺は，積分公式から $\int \frac{dy}{g(y)}$ に等しいので，結局，(5.1) は $\int \frac{dy}{g(y)} = \int f(x)\,dx$ と書き換えられ，これが変数分離形の一般解になっている．

─── **例題 5.3** ───────────────

次の微分方程式の初期値問題を解きなさい.

$$\frac{dy}{dx} = xy^2, \quad y(0) = 2.$$

【解答】 $\frac{dy}{y^2} = x\,dx$ の両辺を積分すると $-\frac{1}{y} = \frac{x^2}{2} + C$ つまり $y = -\frac{1}{\frac{x^2}{2}+C}$.
ここで, 初期条件 $y(0) = 2$ を考えると $C = -\frac{1}{2}$ であるから求めたい解は

$$y = \frac{2}{1 - x^2}$$

である.　　　　　　　　　　　　　　　　　　　　　　　　□

問 1　次の微分方程式を解きなさい.

(1)　$y' = x^2 y$.　　　　(2)　$y' = x^2 y^2$.　　　　(3)　$x + yy' = 0$.

(4)　$2xy' = y$.　　　　(5)　$xy' + y = 2xy$.　　　　(6)　$y' = y(1 - y)$.

5.2.2 斉 次 形

次の形の微分方程式を**斉次形**または**同次形**(homogeneous) という.

$$\frac{dy}{dx} = f\left(\frac{y}{x}\right). \tag{5.5}$$

方程式 (5.5) は, $u = \frac{y}{x}$ として未知関数を u に変更すると変数分離形になる.
実際, $y = xu$, $y' = u + xu'$ より, $y' = f(u)$ は $u + xy' = f(u)$, つまり,
変数分離形の $u' = \frac{f(u)-u}{x}$ となり, $\frac{du}{f(u)-u} = \frac{dx}{x}$ を積分して

$$\int \frac{du}{f(u) - u} = \int \frac{dx}{x} + C$$

という一般解を得る.

─── **例題 5.4** ───────────────

次の微分方程式を解きなさい.

$$y' = \frac{x^2 + y^2}{xy}. \tag{5.6}$$

【**解答**】　右辺は $\frac{1+(y/x)^2}{y/x}$ となって同次形であるので，$y = xu$ として (5.6) を未知関数 u の方程式に書き換えると，$xu' = \frac{1}{u}$ となって，変数分離形である．$u\,du = \frac{dx}{x}$ を積分して

$$\frac{1}{2}u^2 = \log|x| + c_1$$

つまり

$$u^2 = \log x^2 + 2c_1$$

を得る．ここで，$u = \frac{y}{x}$ より，$C = 2c_1$ として，

$$y^2 = x^2 \log x^2 + Cx^2 \quad (C \text{ は任意定数})$$

という (5.6) の一般解を得る．　　　　　　　　　　　　　　□

問 2　次の微分方程式を解きなさい．

(1)　$yy' = -x - 2y.$　　　(2)　$xy' = 2x - y.$　　　(3)　$(x+y)y' = x - y.$

(4)　$xyy' = y^2 - x^2.$　　(5)　$(x^2 - y^2)y' = 2xy.$　　(6)　$(3x^2 + y^2)y' = 2xy.$

5.2.3　1 階線形微分方程式

　1 階線形微分方程式（linear differential equation of the first order）の一般的な形

$$y' + p(x)y = q(x) \tag{5.7}$$

を考える．$q(x) = 0$ の場合の

$$y' + p(x)y = 0 \tag{5.8}$$

を**斉次方程式**または**同次方程式**（ともに homogeneous equation の訳）といい，$q(x) \neq 0$ の場合の $y' + p(x)y = q(x)$ を**非斉次方程式**または**非同次方程式**（ともに non-homogeneous equation の訳）という．

　斉次方程式 (5.8) は変数分離形で，この一般解は C を任意定数として

$$y = C \exp\left(-\int p(x)\,dx\right) \tag{5.9}$$

となるが，以下，このことを利用して非斉次の場合を解く．そのためには，(5.9)
の C を定数でなく x の関数 $v(x)$ とした

$$y = v(x) \exp\left(-\int p(x)\,dx\right) \tag{5.10}$$

が (5.7) をみたすための条件として $v(x)$ のみたす微分方程式を導き，それを解
く．これを**定数変化法** (method of variation of parameters) という．

　実際，(5.10) を (5.7) に代入すれば

$$v'(x) \exp\left(-\int p(x)\,dx\right) = q(x)$$

であり，これを変形した

$$v'(x) = q(x) \exp\left(\int p(x)\,dx\right)$$

を積分すれば，C を任意定数として，

$$v(x) = \int q(x) \exp\left(\int p(x)\,dx\right) dx + C \tag{5.11}$$

であるから，(5.11) を (5.10) に代入して

$$y = \left\{\int q(x)\exp\left(\int p(x)\,dx\right) dx + C\right\} \exp\left(-\int p(x)\,dx\right) \tag{5.12}$$

を得る．なお，(5.12) の二か所に現れる $\displaystyle\int p(x)\,dx$ は同一なもの（積分域また
は積分定数が等しいということ）であることに注意する．

　具体例で確認してみよう．

┌─── **例題 5.5** ───────────────────────
│ 次の微分方程式を解きなさい．
│
│ $$xy' + y = x^3 + x. \tag{5.13}$$
└──────────────────────────────────

【**解答**】　$y' + \frac{1}{x} y = x^2 + 1$ の斉次部分 $y' + \frac{1}{x} y = 0$ の解は C を任意定数として
$y = Cx^{-1}$ となることがわかるが，この C を定数でなく x の関数 $v(x)$ とした
$y = v(x)x^{-1}$ が (5.13) をみたす条件としての微分方程式の解を求めることに

帰着させるのが，定数変化法の手筋であり，実際に $v(x)$ の従う条件を求めると $v'(x) = x + x^3$ であり，両辺を積分すると，C を任意定数（さきほどと同じ文字の C を用いるが，さきほどの C とは全く関係ない）として $v(x) = \frac{x^2}{2} + \frac{x^4}{4} + C$ である．したがって，

$$y = \frac{1}{2}x + \frac{1}{4}x^3 + \frac{C}{x} \quad (C \text{ は任意定数})$$

という (5.13) の一般解を得る． □

問 3　次の微分方程式を解きなさい．

(1)　$y + y' = x.$
(2)　$y' \cos x + y \sin x = 1.$
(3)　$(1+x)\,y' + y = (1+x)\cos x.$
(4)　$y' + y \cos x = \sin x \cos x.$
(5)　$y' + ky = \cos \omega x$　（$k,\,\omega$ は定数）．
(6)　$xy' - 2y = x^2 + 2x.$

── 例題 5.6 ──

　L, R, E, ω を定数として，関数 $I = I(t)$ についての次の初期値問題を解きなさい．

$$L\frac{dI}{dt} + RI = E \sin \omega t, \quad I(0) = 0. \tag{5.14}$$

【解答】　斉次部分 $L\frac{dI}{dt} + RI = 0$ つまり $\frac{dI}{I} = -\frac{R\,dt}{L}$ を解くと，C を任意定数として $I = C \exp\left(-\frac{R}{L}t\right)$．次に，$y = v(t)\exp\left(-\frac{R}{L}t\right)$ を (5.14) に代入すると $v'(t)\exp\left(-\frac{R}{L}t\right) = \frac{E}{L}\sin \omega t$ だから $v'(t) = \frac{E}{L}\exp\left(\frac{R}{L}t\right)\sin \omega t$ であり，

$$\left\{\frac{e^{at}}{a^2 + b^2}(a \sin bt - b \cos bt)\right\}' = e^{at}\sin bt$$

に注意すれば（$'$ は t に関する微分），C を任意定数として，

$$v(x) = \frac{E}{L}\left\{\frac{e^{\frac{Rt}{L}}}{\left(\frac{R}{L}\right)^2 + \omega^2}\left(\frac{R}{L}\sin \omega t - \omega \cos \omega t\right) + C\right\}$$

$$= \frac{e^{\frac{Rt}{L}}ER}{R^2 + \omega^2 L^2}\sin \omega t - \frac{e^{\frac{Rt}{L}}\omega EL}{R^2 + \omega^2 L^2}\cos \omega t + \frac{E}{L}C.$$

つまり，

$$I = \frac{ER}{R^2 + \omega^2 L^2} \sin\omega t - \frac{\omega EL}{R^2 + \omega^2 L^2} \cos\omega t + \frac{E}{L} e^{-\frac{Rt}{L}} C.$$

これが初期条件 $I(0) = 0$ をみたすためには

$$C = \frac{\omega L^2}{R^2 + \omega^2 L^2}$$

であるから，求める初期値問題の解は

$$
\begin{aligned}
I &= \frac{ER}{R^2 + \omega^2 L^2} \sin\omega t - \frac{\omega EL}{R^2 + \omega^2 L^2} \cos\omega t + \frac{\omega EL}{R^2 + \omega^2 L^2} e^{-\frac{Rt}{L}} \\
&= \frac{E}{R^2 + \omega^2 L^2} \left(R \sin\omega t - \omega L \cos\omega t \right) + \frac{\omega EL}{R^2 + \omega^2 L^2} e^{-\frac{Rt}{L}} \\
&= \frac{E}{\sqrt{R^2 + \omega^2 L^2}} \left(\frac{R}{\sqrt{R^2 + \omega^2 L^2}} \sin\omega t - \frac{\omega L}{\sqrt{R^2 + \omega^2 L^2}} \cos\omega t \right) \\
&\quad + \frac{\omega EL}{R^2 + \omega^2 L^2} e^{-\frac{Rt}{L}} \\
&= \frac{E}{\sqrt{R^2 + \omega^2 L^2}} \left(\cos\delta \sin\omega t - \sin\delta \cos\omega t \right) + \frac{\omega EL}{R^2 + \omega^2 L^2} e^{-\frac{Rt}{L}} \\
&= \frac{E}{\sqrt{R^2 + \omega^2 L^2}} \sin(\omega t - \delta) + \frac{\omega EL}{R^2 + \omega^2 L^2} e^{-\frac{Rt}{L}}.
\end{aligned}
$$

ただし，$\tan\delta = \frac{\omega L}{R}$ である．　　　　　　　　□

注意　本問は，交流起電力 $E\sin\omega t$ と抵抗 R と自己誘導係数 L のコイルを直列に配線した回路を流れる電流 I の時間変化 $I(t)$ についての方程式である（t を時刻とする）．この視点で本問の解を吟味すると，次がわかる．t が経過するにつれ第二項がどんどん小さくなるので，十分に時間が経過したときの電流 $I(t)$ は加えた電圧 $E\sin\omega t$ と同じ振動をする．ただし，位相のずれ δ がある．

問 4　L, R, E を定数としたときの初期値問題

$$L\frac{dI}{dt} + RI = E, \quad I(0) = 0$$

の解が

$$I(t) = \frac{E}{R}\left(1 - e^{-\frac{R}{L}t}\right)$$

であることを，例題 5.6 の解答における手順で示しなさい．

注意　今度は，一定の起電力 E の電池と抵抗 R と自己誘導係数 L のコイルを直列に配線した回路を流れる電流 I の時間変化 $I(t)$ についての方程式である．解をみると次がわかる．電流 I はスイッチを入れた瞬間 $t = 0$ に急に大きくはならず，0 から次第に大きくなっていき，十分に時間が経過したときの電流 $I(t)$ は一定の値 $\frac{E}{R}$ に到達する．

5.2.4　完 全 微 分 形

x を独立変数，y を従属変数とする微分方程式

$$P(x, y) + Q(x, y)\,\frac{dy}{dx} = 0,$$

または，y を独立変数，x を従属変数とする微分方程式

$$P(x, y)\,\frac{dx}{dy} + Q(x, y) = 0$$

は，しばしば，

$$P(x, y)\,dx + Q(x, y)\,dy = 0 \tag{5.15}$$

の形に書かれるが，この左辺が，ある関数 $u(x, y)$ の全微分によって

$$du(x, y) = P(x, y)\,dx + Q(x, y)\,dy \tag{5.16}$$

と表されるとき，つまり

$$u_x(x, y) = P(x, y), \quad u_y(x, y) = Q(x, y) \tag{5.17}$$

が成り立つとき，(5.15) は**完全微分形**または**完全形**（exact）といわれる（完全とは 2.9 節で扱う微分形式の理論における概念であるが，本書ではこれ以上触れない）．ただし，ここで，$u_x(x, y)$, $u_y(x, y)$ は，それぞれ，$u = u(x, y)$ の x および y についての偏導関数である．

　もし，(5.17) であれば，C を任意定数として

$$u(x, y) = C$$

の陰関数として定義される x の関数 $y = y(x)$ は，$u_y(x, y) \neq 0$ のとき，

$$y'(x) = -\frac{u_x(x, y(x))}{u_y(x, y(x))} = -\frac{P(x, y(x))}{Q(x, y(x))}$$

をみたすことから微分方程式 $P(x,y) + Q(x,y)\frac{dy}{dx} = 0$ の解を与えるし，$u(x,y) = C$ の陰関数として定義される y の関数 $x = x(y)$ は，$u_x(x,y) \neq 0$ のとき，

$$x'(y) = -\frac{u_y(x(y),\, y)}{u_x(x(y),\, y)} = -\frac{Q(x(y),\, y)}{P(x(y),\, y)}$$

をみたすことから微分方程式 $P(x,y)\frac{dx}{dy} + Q(x,y) = 0$ の解を与えるので，結局，$u(x,y) = C$ は (5.17) の一般解である．

また，$P\,dx + Q\,dy$ が完全微分形である必要十分条件は次の**可積分条件** (condition of integrability)

$$\frac{\partial P}{\partial y} = \frac{\partial Q}{\partial x} \tag{5.18}$$

をみたすことである．なぜなら，もし $P\,dx + Q\,dy$ が完全微分形であるなら，$u_x = P,\, u_y = Q$ なる u が存在して，

$$P_y = (u_x)_y = u_{xy}, \quad Q_x = (u_y)_x = u_{yx}$$

より $P_y = Q_x$ が成り立つし，逆に，$P_y = Q_x$ なら，適当な定数 a, b に対して

$$u(x,y) = \int_a^x P(s,b)\,ds + \int_b^y Q(x,t)\,dt + u(a,b)$$

とおくと，

$$\frac{\partial}{\partial x}u(x,y) = \frac{\partial}{\partial x}\int_a^x P(s,b)\,ds + \frac{\partial}{\partial x}\int_b^y Q(x,t)\,dt$$

$$= P(x,b) + \int_b^y Q_x(x,t)\,dt = P(x,b) + \int_b^y P_y(x,t)\,dt$$

$$= P(x,b) + P(x,y) - P(x,b) = P(x,y) \tag{5.19}$$

および

$$\frac{\partial}{\partial y}u(x,y) = \frac{\partial}{\partial y}\int_a^x P(s,b)\,ds + \frac{\partial}{\partial y}\int_b^y Q(x,t)\,dt = Q(x,y) \tag{5.20}$$

となるからである．

例題 5.7

$u_x(x, y) = P(x, y)$, $u_y(x, y) = Q(x, y)$ なる $u = u(x,y)$ は，適当な定数 a, b によって，

$$u(x,y) = \int_a^x P(s,b)\,ds + \int_b^y Q(x,t)\,dt + u(a,b) \tag{5.21}$$

または

$$u(x,y) = \int_a^x P(s,y)\,ds + \int_b^y Q(a,t)\,dt + u(a,b) \tag{5.22}$$

で与えられることを示しなさい．ただし，$P(x, y)$, $Q(x, y)$ は可積分条件 (5.18) をみたすものとする．

【解答】 そのような u が存在すると仮定すれば，$P(x, y) = u_x(x, y)$ より

$$\int_a^x P(s,b)\,ds = \int_a^x u_x(s,b)\,ds = u(x,b) - u(a,b),$$

$Q(x, y) = u_y(x, y)$ より

$$\int_b^y Q(x,t)\,dt = \int_b^y u_y(x,t)\,dt = u(x,y) - u(x,b),$$

だから，

$$\int_a^x P(s,b)\,ds + \int_b^y Q(x,t)\,dt = u(x,y) - u(a,b).$$

つまり (5.21) であるが，確かに，(5.21) は (5.19) と (5.20) で確かめたように $u_x(x, y) = P(x, y)$, $u_y(x, y) = Q(x, y)$ をみたしている．

第二の表示 (5.22) も同様に導かれる． □

問 5　例題 5.7 の (5.22) を導きなさい．

例題 5.8

次の微分方程式が完全微分形であることを確認したのち，一般解を求めなさい．

$$(6x + 3y + 5)\,dx + (3x - 4y + 3)\,dy = 0.$$

【解答】 $P = 6x+3y+5$, $Q = 3x-4y+3$ とすれば $P_y = 3$, $Q_x = 3$ であるから，確かに，完全微分形である．一般解を求めるために $u_x = P$, $u_y = Q$ とおく．このとき，$u_x = 6x+3y+5$ だから，x で積分して $u = 3x^2+3xy+5x+h(y)$, ただし，$h(y)$ は y のみの関数．このとき，u を y で微分すると $u_y = 3x+h'(y)$ であって，これが Q に等しいのだから，$h'(y) = -4y + 3$. これを y で積分すると，c_1 を任意定数として $h(y) = -2y^2 + 3y + c_1$ であるから，これを $u = 3x^2 + 3xy + 5x + h(y)$ に代入すれば

$$u = 3x^2 + 3xy + 5x - 2y^2 + 3y + c_1$$

が $du = P\,dx + Q\,dy$ なる u を与える．したがって，$P\,dx + Q\,dy = 0$ の一般解は，C を任意定数として

$$3x^2 + 3xy + 5x - 2y^2 + 3y = C$$

である． □

$P\,dx + Q\,dy$ が完全微分形でなくても，関数 $\mu = \mu(x, y)$ をかけた $\mu P\,dx + \mu Q\,dy$ が完全微分形になることがある．このときの μ を**積分因子** (integrating factor) という．μ を一般的に求める方法は無いが，例えば，次のように，μ が求められる場合がある．

例 (1) $\frac{P_y - Q_x}{Q}$ が y に依らない関数であるとき，$\mu = \exp\left(\int \frac{P_y - Q_x}{Q}\,dx\right)$ は積分因子である．

(2) $\frac{P_y - Q_x}{P}$ が x に依らない関数であるとき，$\mu = \exp\left(\int \frac{Q_x - P_y}{P}\,dy\right)$ は積分因子である． □

実際，μ が $P\,dx + Q\,dy$ の積分因子である条件は

$$\frac{\partial(\mu P)}{\partial y} = \frac{\partial(\mu Q)}{\partial x}$$

をみたすことであるが，これを書き直すと

$$\mu_y P + \mu P_y = \mu_x Q + \mu Q_x$$

であり，

(1) $\mu_y = 0$ を課すと μ が積分因子である条件は

$$\mu P_y = \mu_x Q + \mu Q_x$$

より

$$\frac{\mu_x}{\mu} = \frac{P_y - Q_x}{Q}$$

であるが，右辺が x のみの関数であれば，

$$\mu = \exp\left(\int \frac{P_y - Q_x}{Q}\, dx\right)$$

は条件をみたす.

(2) $\mu_x = 0$ を課すと μ が積分因子である条件は

$$\mu_y P + \mu P_y = \mu Q_x$$

より

$$\frac{\mu_y}{\mu} = \frac{Q_x - P_y}{P}$$

であるが，右辺が y のみの関数であれば，

$$\mu = \exp\left(\int \frac{Q_x - P_y}{P}\, dy\right)$$

は条件をみたす. □

例 $(1 - xy)\, dx + (xy - x^2)\, dy = 0$ に対して，$P = 1 - xy$，$Q = xy - x^2$ とおくと，

$$\frac{P_y - Q_x}{Q} = \frac{x - y}{x(y - x)} = \frac{-1}{x}$$

は x のみの関数であるから，

$$\mu = \exp\left(\int \frac{P_y - Q_x}{Q}\, dx\right) = \exp\left(\int \frac{-1}{x}\, dx\right) = \exp(-\log x + C)$$

とくに $\mu = \frac{1}{x}$ は積分因子である. ゆえに，$\left(\frac{1}{x} - y\right) dx + (y - x)\, dy = 0$ は完全微分形である. □

問 6　次の微分方程式が完全微分形であることを確かめてから解きなさい.

(1)　$(-x + y + 2)\,dx + (x - y + 1)\,dy = 0.$

(2)　$(\sin y + 3x^2 - 1)\,dx + (x\cos y + 2y^3)\,dy = 0.$

(3)　$(3x^2 - 2xy + y^2)\,dx - (x^2 - 2xy + y^2)\,dy = 0.$

(4)　$y(x^2 + y^2 - x)\,dx + x^2\,dy = 0.$

問 7　次の微分方程式を, まずは積分因子を求めてから, 解きなさい.

(1)　$2xy\,dx + (y^2 - x^2)\,dy = 0.$　　　(2)　$(x^2y^2 + x)\,dy + y\,dx = 0.$

(3)　$(x\sin y + y\cos y)\,dx + (x\cos y - y\sin y)\,dy = 0.$

(4)　$xy\,dx + (x^2 - y^2 + 1)\,dy = 0.$

5.2.5　ベルヌーイの微分方程式

λ を実数とした

$$y' + p(x)y = q(x)y^\lambda \tag{5.23}$$

をベルヌーイの微分方程式 (Bernoulli differential equation) という. $\lambda = 0, 1$ の場合は, 5.2.3 項で扱った線形微分方程式だから, 以下では $\lambda \neq 0, 1$ とする.

方程式 (5.23) の両辺を y^λ で割ると

$$y^{-\lambda}y' + p(x)y^{1-\lambda} = q(x)$$

であるので, $v = y^{1-\lambda}$ とすると, $v' = (1 - \lambda)y^{-\lambda}y'$ であるので,

$$v' + (1 - \lambda)p(x)v = (1 - \lambda)q(x).$$

これは v についての 1 階線形微分方程式であり, 5.2.3 項で論じたものである.

――― **例題 5.9** ―――

次の微分方程式を解きなさい.

$$xy' + y = x^3y^3. \tag{5.24}$$

【解答】　(5.24) は $y' + \dfrac{y}{x} = x^2y^3$ または $y^{-3}y' + y^{-2}x^{-2} = x^2$ であるから, $v = y^{-2}$ とおくと $v' = -2y^{-3}y'$ であって, (5.24) は v についての 1 階線形微分方程式

$$v' - \frac{2v}{x} = -2x^2$$

に書き換えられる．この v についての微分方程式の解は C を任意定数として $v = (C - 2x)x^2$ となるので，

$$y^2 = \frac{1}{(C - 2x)x^2} \quad (C \text{ は任意定数})$$

という (5.24) の一般解を得る． □

問 8 次の微分方程式を解きなさい．

(1)　$4xy' + 2y = xy^5$.　　(2)　$y' + y = xy^3$.　　(3)　$y' + y = y^2 e^x$.

(4)　$y' - xy = -y^3 e^{-x^2}$.

5.2.6　リッカチ方程式

次の非線形微分方程式を**リッカチ方程式**（Riccati equation）という．

$$y' = a(x)y^2 + b(x)y + c(x) \quad (a(x) \neq 0)$$

これについては，新しい従属変数 $u = u(x)$ を

$$y = -\frac{1}{a(x)} \frac{d}{dx} \log u = -\frac{1}{a(x)} \frac{u'}{u}$$

によって定めると，u のみたすべき方程式は

$$u'' - \left(\frac{a'(x)}{a(x)} + b(x) \right) u' + a(x)c(x)u = 0$$

という 2 階の線形微分方程式（第 6 章を参照）となる．そして，この線形微分方程式の一次独立解 $\varphi_1(x), \varphi_2(x)$ を用いて，

$$u(x) = c_1\varphi_1(x) + c_2\varphi_2(x) \quad (c_1, c_2 \in \mathbb{C})$$

とすれば，リッカチ方程式の解

$$\varphi(x; c_1, c_2) = -\frac{1}{a(x)} \frac{c_1\varphi_1'(x) + c_2\varphi_2'(x)}{c_1\varphi_1(x) + c_2\varphi_2(x)}$$

が得られる．

5.1　次の各式について，定数を消去して 1 階微分方程式を作りなさい．

(1)　$y = cx + \frac{1}{c}$.　　(2)　$x^2 + y^2 = cx$.　　(3)　$y = \begin{cases} ax^2 & x \geq 0, \\ bx^2 & x < 0. \end{cases}$

5.2　次の各式について，定数 a, b を消去して 2 階微分方程式を作りなさい．

(1)　$y = (ax + b)e^x$.　　(2)　$y = a \log|x + b|$.　　(3)　$y = \tan(ax + b)$.

(4)　$y^2 = \log(ax + b)$.　　(5)　$y = e^{px}(a \cos qx + b \sin qx)$.

5.3　$y' = ay - by^2$, $y(0) = y_0$ において，a, b を正数とするとき，解 $y(x)$ は

$$\lim_{x \to +\infty} y(x) = \begin{cases} \dfrac{a}{b} & \cdots \quad y_0 > 0 \\ 0 & \cdots \quad y_0 = 0 \end{cases}$$

であることを示しなさい．

第6章

2階線形常微分方程式

ふしぎなことに多くの事象・法則が 2 階の線形微分方程式で記述される．この章では，2 階の常微分方程式に焦点を絞るが，それでも内容は豊富である．

6.1 n 階線形微分方程式

次の形の微分方程式を **n 階線形微分方程式**（linear differential equation of order n）という．

$$y^{(n)} + p_1(x)y^{(n-1)} + \cdots + p_n(x)y = r(x) \tag{6.1}$$

ここで $y^{(k)}$ は y の k 階導関数，$p_1(x), \ldots, p_n(x), r(x)$ は x のみに依存する関数である．$r(x) = 0$ の場合の

$$y^{(n)} + p_1(x)y^{(n-1)} + \cdots + p_n(x)y = 0 \tag{6.2}$$

を**斉次方程式**または**同次方程式**（ともに homogeneous equation の訳），$r(x) \neq 0$ の場合の $y^{(n)} + p_1(x)y^{(n-1)} + \cdots + p_n(x)y = r(x)$ を**非斉次方程式**または**非同次方程式**（ともに nonhomogeneous equation の訳）という．

関数 y_1 と y_2 がともに (6.2) の解であるとき，c_1, c_2 を定数とした線形結合 $c_1 y_1 + c_2 y_2$ も (6.2) の解となる．これは，線形微分方程式 (6.2) の解に対する**重ね合わせの原理**（principle of superposition）と呼ばれる線形微分方程式において最も基本的な性質であり，(6.2) の解の集合（解空間）が線形空間であることに他ならない．

また，方程式 (6.2) の任意の解 $y(x)$ は，一次独立な n 個の解 $y_1(x), \ldots, y_n(x)$ によって

$$y(x) = c_1 y_1(x) + \cdots + c_n y_n(x) \quad (c_1, \ldots, c_n \text{ は定数}) \tag{6.3}$$

と表すことができる．つまり，方程式 (6.2) の解空間は n 次元の線形空間であ

る．一般に，方程式 (6.2) の一次独立な n 個の解 $y_1(x), \ldots, y_n(x)$ の組を方程式 (6.2) の**解の基本系**（fundamental set of solutions, fundamental system of solutions），**基本解系**（system of fundamental solutions）または**基本解**（fundamental solutions）という．解の基本系は解空間の基底に他ならない．

一方，非斉次方程式 (6.1) の一般解は (6.1) の 1 つの解 $y_0(x)$ と斉次方程式 (6.2) の一般解 (6.3) との線形結合

$$y_0(x) + c_1 y_1(x) + \cdots + c_n y_n(x) \quad (c_1, \ldots, c_n は任意定数) \qquad (6.4)$$

により表される．非斉次方程式 (6.1) に対する斉次方程式 (6.2) の一般解 (6.3) を非斉次方程式 (6.1) の**余関数**（complementary functions）という．

ここで，関数 $y_1(x), \ldots, y_n(x)$ が**一次独立**または**線形独立**（linearly independent）であるとは，

$$c_1 y_1(x) + \cdots + c_n y_n(x) = 0 \quad (c_1, \ldots, c_n は定数)$$

が恒等的に成り立つのは $c_1 = \cdots = c_n = 0$ の場合だけであることをいい，$y_1(x), \ldots, y_n(x)$ に対する次の**ロンスキー行列式**（Wronski determinant, Wronskian）が 0 とならないことに同値である．

$$W(y_1(x), y_2(x), \ldots, y_n(x))$$
$$= \begin{vmatrix} y_1(x) & y_2(x) & \cdots & y_n(x) \\ y_1'(x) & y_2'(x) & \cdots & y_n'(x) \\ \vdots & \vdots & & \vdots \\ y_1^{(n-1)}(x) & y_2^{(n-1)}(x) & \cdots & y_n^{(n-1)}(x) \end{vmatrix}$$

例　(1)　n 個の関数 $1, x, x^2, \ldots, x^{n-1}$ は一次独立である．

(2)　定数 $a_1 < a_2 < \cdots < a_n$ に対して，n 個の関数 $e^{a_1 x}, e^{a_2 x}, \ldots, e^{a_n x}$ は一次独立である．

(3)　定数 a に対して，n 個の関数 $e^{ax}, xe^{ax}, \ldots, x^{n-1}e^{ax}$ は一次独立である．

問　これら 3 つの例を確かめよ．

定数係数の斉次線形微分方程式

斉次線形方程式 (6.2) において，係数 $p_1(x), \ldots, p_n(x)$ が定数となっている場合：

$$y^{(n)} + p_1 y^{(n-1)} + \cdots + p_n y = 0 \quad (p_1, \ldots, p_n は定数) \tag{6.5}$$

を考える．この方程式 (6.5) に関数 $y = e^{\lambda x}$ を代入すると，

$$(\lambda^n + p_1 \lambda^{n-1} + \cdots + p_{n-1}\lambda + p_n)e^{\lambda x} = 0$$

であるから，λ に関する多項式

$$\varphi(\lambda) = \lambda^n + p_1 \lambda^{n-1} + \cdots + p_{n-1}\lambda + p_n$$

に対する $\varphi(\lambda) = 0$ の根 λ を用いた関数 $y = e^{\lambda x}$ は微分方程式 (6.5) の解になることがわかる．$\varphi(\lambda) = 0$ を微分方程式 (6.5) の**特性方程式** (characteristic equation) または**補助方程式** (auxiliary equation) という．

特性方程式 $\varphi(\lambda) = 0$ の根がすべて相異なる $\lambda_1, \ldots, \lambda_n$ であるとき，

$$e^{\lambda_1 x}, \ e^{\lambda_2 x}, \ \ldots, \ e^{\lambda_n x}$$

が微分方程式 (6.5) の解の基本系を与える．そして，特性方程式 $\varphi(\lambda) = 0$ のある根 λ_1 が m 重根であるとき，

$$e^{\lambda_1 x}, \ xe^{\lambda_1 x}, \ \ldots, \ x^{m-1}e^{\lambda_1 x}$$

は微分方程式 (6.5) の解を与えるが，一般に，特性方程式の根 $\lambda_1, \ldots, \lambda_r$ がそれぞれ m_1 重根，$\ldots$, m_r 重根であって $m_1 + \cdots + m_r = n$ であるとき，

$$x^{j-1}e^{\lambda_i x}, \qquad 1 \leq i \leq r, \ 1 \leq j \leq m_i$$

が微分方程式 (6.5) の解の基本系を与える．

例 (1) $y'' - 3y' + 2y = 0$ の特性方程式は $\lambda^2 - 3\lambda + 2 = (\lambda - 1)(\lambda - 2) = 0$ であるから，e^x, e^{2x} が解の基本系を与える．

(2) $y''' + y'' - y' - y = 0$ の特性方程式は $\lambda^3 + \lambda^2 - \lambda - 1 = (\lambda + 1)^2(\lambda - 1) = 0$ であるから，e^{-x}, xe^{-x}, e^x が解の基本系を与える．

(3) $y''' + y'' - 2y' = 0$ の特性方程式は $\lambda^3 + \lambda^2 - 2\lambda = \lambda(\lambda-1)(\lambda+2) = 0$ であるから, $1, e^x, e^{-2x}$ が解の基本系を与える.

(4) $y''' - 3y'' + 3y' - y = 0$ の特性方程式は $\lambda^3 - 3\lambda^2 + 3\lambda - 1 = (\lambda-1)^3 = 0$ であるから, $e^x, xe^x, x^2 e^x$ が解の基本系を与える. □

ところで, $y'' + y = 0$ の解の基本系は e^{ix}, e^{-ix} により与えられるが, もし, 実数値関数を用いた解の基本系が欲しいと思うのであれば,

$$e^{ix} + e^{-ix} = 2\cos x, \quad e^{ix} - e^{-ix} = 2i\sin x$$

であることに注意して, $\cos x, \sin x$ を解の基本系として採用する. 一般に, 複素数値関数による解

$$e^{(\alpha \pm i\beta)x} \ (\alpha, \beta \in \mathbb{R})$$

が現れたらそれを

$$e^{\alpha x}\cos\beta x, \quad e^{\alpha x}\sin\beta x$$

に置き換えると考えればよい. ここで現れた複素関数としての指数関数 $e^{(\alpha \pm i\beta)x}$ $(\alpha, \beta \in \mathbb{R})$ は

$$e^{(\alpha \pm i\beta)x} := e^{\alpha}(\cos\beta \pm i\sin\beta)$$

と定義される関数で, 詳しくは第 8 章を参照して欲しいが, 当面の目的のためには, ここに書いたことで十分である.

例 $y'' + 2y' + 5y = 0$ の特性方程式は $\lambda^2 + 2\lambda + 5 = (\lambda+1+2i)(\lambda+1-2i) = 0$ であるから, 実数値関数による解の基本系は $e^{-x}\cos 2x, e^{-x}\sin 2x$ により与えられる. □

ここで, 定数係数の 2 階線形微分方程式

$$y'' + ay' + by = 0 \quad (a, b \text{ は定数}) \tag{6.6}$$

の場合に, その解の基本系の取り方についてまとめておく.

(i) 特性方程式の根が異なる 2 実根 α, β の場合 ($a^2 - 4b > 0$ の場合),

$$y_1 = e^{\alpha x}, \quad y_2 = e^{\beta x}$$

が解の基本系である.

(ii) 特性方程式の根が α で重根の場合 ($a^2 - 4b = 0$ の場合),

$$y_1 = e^{\alpha x}, \quad y_2 = xe^{\alpha x}$$

が解の基本系である.

(iii) 特性方程式の根が虚根 $\alpha \pm i\beta$ ($\beta \neq 0$) の場合 ($a^2 - 4b < 0$ の場合),

$$y_1 = e^{\alpha x}\cos\beta x, \quad y_2 = e^{\alpha x}\sin\beta x$$

が解の基本系である.

注意 (iii) の場合は, $\mu_1 = \alpha + i\beta, \mu_2 = \alpha - i\beta$ に対して,

$$e^{\mu_1 x} = e^{\alpha x}(\cos\beta x + i\sin\beta x), \quad e^{\mu_2 x} = e^{\alpha x}(\cos\beta x - i\sin\beta x)$$

であるから,

$$e^{\alpha x}\cos\beta x = \frac{1}{2}(e^{\mu_1 x} + e^{\mu_2 x}), \quad e^{\alpha x}\sin\beta x = \frac{1}{2i}(e^{\mu_1 x} - e^{\mu_2 x})$$

を新たな解の基本系として採用したということである.

━━ 例題 6.1 ━━

次の微分方程式の実数値関数による解の基本系を求めなさい.

(1) $y'' - 2y' - 3y = 0$.　　(2) $y'' - 2y' + y = 0$.

(3) $y'' + y' + y = 0$.

【解答】 (1) 特性根は $\lambda^2 - 2\lambda - 3 = (\lambda - 3)(\lambda + 1)$ より $\lambda = 3, -1$ であるから解の基本系は $\{e^{3x}, \ e^{-x}\}$.

(2) 特性根は $\lambda^2 - 2\lambda + 1 = (\lambda - 1)^2$ より $\lambda = 1$ が重根であるから解の基本系は $\{e^x, \ xe^x\}$.

(3) 特性根は $\lambda^2 + \lambda + 1 = 0$ より $\lambda = \frac{-1 \pm \sqrt{3}\,i}{2}$ であるから解の基本系は

$$\left\{ e^{-\frac{x}{2}}\cos\frac{\sqrt{3}}{2}x, \ e^{-\frac{x}{2}}\sin\frac{\sqrt{3}}{2}x \right\}. \qquad \square$$

問 次の微分方程式の実数値関数による解の基本系を求めなさい.

(1) $y'' - y = 0$.　　(2) $y'' + 2y' + 3y = 0$.　　(3) $y'' + 4y' + 4y = 0$.

── 例題 6.2 ─────────────────────────

微分方程式

$$x''(t) + \omega_0^2 x(t) = 0 \tag{6.7}$$

を初期条件 $x(0) = x_0$, $x'(0) = v_0$ のもとに解きなさい．ただし，ω_0 は正の定数とする．

【解答】 方程式 (6.7) の一般解は

$$x(t) = c_1 \cos \omega_0 t + c_2 \sin \omega_0 t \tag{6.8}$$

であり，このとき，$x'(t) = -c_1 \omega_0 \sin \omega_0 t + c_2 \omega_0 \cos \omega_0 t$ であるから，$x(0) = c_1 = x_0$, $x'(0) = c_2 \omega_0 = v_0$ より，求める解は

$$x(t) = x_0 \cos \omega_0 t + \frac{v_0}{\omega_0} \sin \omega_0 t. \qquad\qquad \square$$

注意 方程式 (6.7) の一般解 (6.8) は，

$$\cos \delta = \frac{c_1}{\sqrt{c_1^2 + c_2^2}}, \quad \sin \delta = \frac{c_2}{\sqrt{c_1^2 + c_2^2}}$$

とすれば，三角関数の加法公式より，

$$x(t) = \sqrt{c_1^2 + c_2^2}\,(\cos \delta \cos \omega_0 t + \sin \delta \sin \omega_0 t) = \sqrt{c_1^2 + c_2^2}\,\cos(\omega_0 t - \delta)$$

と書き直すことができるので，(6.7) の一般解の表示として，A, δ を任意定数とする

$$x(t) = A \cos(\omega_0 t - \delta) \tag{6.9}$$

を用いることもできる．

注意 直線 (x-軸) 上を運動する質量 m の質点 P に，ばねによる復元力 $-kx(t)$ $(k > 0)$ が働いているとき，質点 P の運動方程式は

$$mx''(t) = -kx(t)$$

であり，$\omega_0 = \sqrt{\frac{k}{m}}$ としたものが (6.7) に他ならず，この質点の運動がいわゆる**単振動** (simple harmonic oscillation) である．この解釈によれば，$\omega_0 = \sqrt{\frac{k}{m}}$ は単振動の角振動数 (angular frequency) であり，一般解 (6.9) の A は振幅 (amplitude)，$\omega_0 t - \delta$ は位相 (phase) を表している．

── 例題 6.3 ──

微分方程式

$$x''(t) + 2\gamma x'(t) + \omega_0^2 x(t) = 0 \tag{6.10}$$

を初期条件 $x(0) = x_0$, $x'(0) = v_0$ のもとに解きなさい. ただし, ω_0, γ は正の定数とする.

【**解答**】　方程式 (6.10) の特性方程式 $\lambda^2 + 2\gamma\lambda + \omega_0^2 = 0$ の根は $-\gamma + \sqrt{\gamma^2 - \omega_0^2}$ と $-\gamma - \sqrt{\gamma^2 - \omega_0^2}$ である.

(1)　$\gamma > \omega_0$ のとき, 方程式 (6.10) の一般解は, c_1, c_2 を任意定数として,

$$x(t) = e^{-\gamma t}\left(c_1 e^{\sqrt{\gamma^2 - \omega_0^2}\,t} + c_2 e^{-\sqrt{\gamma^2 - \omega_0^2}\,t}\right)$$

であり, 初期条件を用いると,

$$c_1 = \frac{v_0 + x_0\left(\gamma + \sqrt{\gamma^2 - \omega_0^2}\right)}{2\sqrt{\gamma^2 - \omega_0^2}},$$

$$c_2 = -\frac{v_0 + x_0\left(\gamma - \sqrt{\gamma^2 - \omega_0^2}\right)}{2\sqrt{\gamma^2 - \omega_0^2}}$$

であり, 整理すると

$$x(t) = e^{-\gamma t}\left(x_0 \cosh\sqrt{\gamma^2 - \omega_0^2}\,t + \frac{v_0 + \gamma x_0}{\sqrt{\gamma^2 - \omega_0^2}}\sinh\sqrt{\gamma^2 - \omega_0^2}\,t\right).$$

ただし, ここで, 双曲線関数と指数関数との基本関係式

$$\cosh\theta = \frac{1}{2}(e^\theta + e^{-\theta}), \quad \sinh\theta = \frac{1}{2}(e^\theta - e^{-\theta})$$

を用いた.

(2)　$\gamma = \omega_0$ のとき, 方程式 (6.10) の一般解は, c_1, c_2 を任意定数として,

$$x(t) = (c_1 + c_2 t)e^{-\gamma t}$$

であるから, 初期条件を用いると,

$$x(t) = e^{-\gamma t}(x_0 + (v_0 + \gamma x_0)t).$$

(3) $\gamma < \omega_0$ のとき，方程式 (6.10) の一般解は，c_1, c_2 を任意定数として，

$$x(t) = e^{-\gamma t}(c_1 \cos \sqrt{\omega_0^2 - \gamma^2}\, t + c_2 \sin \sqrt{\omega_0^2 - \gamma^2}\, t) \tag{6.11}$$

であるから，初期条件を用いると，

$$x(t) = e^{-\gamma t}\left(x_0 \cos \sqrt{\omega_0^2 - \gamma^2}\, t + \frac{v_0 + \gamma x_0}{\sqrt{\omega_0^2 - \gamma^2}} \sin \sqrt{\omega_0^2 - \gamma^2}\, t \right). \quad \square$$

注意 直線 $(x\text{-}軸)$ 上を運動する質量 m の質点 P に，ばねによる復元力 $-kx(t)\ (k > 0)$ と空気や床からの摩擦などによる抵抗力 $-bx'(t)\ (b > 0)$ が働いているときの，質点 P の運動方程式が

$$mx''(t) = -kx(t) - bx'(t)$$

であり，$\omega_0 = \sqrt{\frac{k}{m}},\ 2\gamma = \frac{b}{m}$ とおけば (6.10) である．

注意 (1) の場合，$-\gamma - \sqrt{\gamma^2 - \omega_0^2}$ も $-\gamma + \sqrt{\gamma^2 - \omega_0^2}$ も負である．したがって，(1), (2), (3) のいずれの場合も，$t \to \infty$ のとき，$x(t) \to 0$ である．これを質点の運動により解釈すれば，いずれの場合であっても，十分時間が経過すると，釣り合いの位置 $x = 0$ で落ち着くということであり，このような運動を減衰運動という．(3) の場合，とくに γ が十分小さいときを思いうかべるとわかりやすいが，最初は殆ど単振動であるにもかかわらず，摩擦力があるために振動の元気が無くなってきて振幅が小さくなってゆき，十分時間が経過すると，最後には釣り合いの位置で止まってしまうという状況 (減衰振動) を表している．これに対して，(1) の場合，γ がそれなりに大きければ，質点 P は振動することなく釣り合いの位置に向かって，十分時間が経過すると，釣り合いの位置で止まってしまうという状況 (これを過減衰という) を表している．(2) は，これらの境目の状況 (臨界減衰という) を表している．

注意 (3) の場合の一般解 (6.11) は

$$\cos\delta = \frac{c_1}{\sqrt{c_1^2 + c_2^2}}, \quad \sin\delta = \frac{c_2}{\sqrt{c_1^2 + c_2^2}}$$

とおけば，

$$c_1 \cos\left(\sqrt{\omega_0^2 - \gamma^2}\, t\right) + c_2 \sin\left(\sqrt{\omega_0^2 - \gamma^2}\, t\right)$$
$$= \sqrt{c_1^2 + c_2^2}\left\{ \cos\delta \cos\left(\sqrt{\omega_0^2 - \gamma^2}\, t\right) + \sin\delta \sin\left(\sqrt{\omega_0^2 - \gamma^2}\, t\right) \right\}$$

$$= \sqrt{c_1^2 + c_2^2} \cos\left(\sqrt{\omega_0^2 - \gamma^2}\, t - \delta\right)$$

と書き直すことができるので，(3) の場合の (6.7) の一般解の表示として，A, δ を任意定数とする

$$A\, e^{-\gamma\, t} \cos\left(\sqrt{\omega_0^2 - \gamma^2}\, t - \delta\right)$$

を用いることができる．

6.3　定数係数の非斉次線形微分方程式

この節では，非斉次方程式 (6.1) において，係数 $p_1(x), \ldots, p_n(x)$ が定数となっている場合:

$$y^{(n)} + p_1 y^{(n-1)} + \cdots + p_n y = r(x) \quad (p_1, \ldots, p_n \text{ は定数}) \tag{6.12}$$

を考える．この方程式 (6.12) の一般解は，この方程式の 1 つの解 $y_0(x)$ と，対応する斉次方程式

$$y^{(n)} + p_1 y^{(n-1)} + \cdots + p_n y = 0 \tag{6.13}$$

の一般解（これを余関数というのであった）との一次結合

$$y_0(x) + c_1 y_1(x) + \cdots + c_n y_n(x) \quad (c_1, \ldots, c_n \text{は定数}) \tag{6.14}$$

により表される．

非斉次方程式 (6.12) の解は，その斉次部分 (6.13) の解の基本系 $y_1(x), \ldots, y_n(x)$ がわかっていれば，次のようにして求められる．1 階線形微分方程式の場合に 5.2.3 項で紹介した**定数変化法**（method of variation of parameters）である．

基本方針は，余関数における係数 c_j を x の関数とした

$$y = c_1(x)y_1(x) + c_2(x)y_2(x) + \cdots + c_n(x)y_n(x)$$

が非斉次方程式 (6.12) の解になるように $c_1(x), \ldots, c_n(x)$ を決めることである．

簡単な例題を通して，その実際をみてみよう．

━━ 例題 6.4 ━━━━━━━━━━━━━━━━━━━━━━━━━━━━

次の微分方程式を，$y'' + y = 0$ の解の基本系が $\cos x$, $\sin x$ で与えられることを利用して，定数変化法により解きなさい．

$$y'' + y = x. \tag{6.15}$$

【解答】 方程式 (6.15) の解を $y = c_1(x)\cos x + c_2(x)\sin x$ とおくと，$y' = c_1'(x)\cos x + c_2'(x)\sin x + c_1(x)(-\sin x) + c_2(x)\cos x$ であるが，ここで，さらに，$c_1'(x)\cos x + c_2'(x)\sin x = 0$ という条件を $c_1(x)$, $c_2(x)$ に課すことにすれば，

$$y'' = c_1(x)(-\cos x) + c_2(x)(-\sin x) + c_1'(x)(-\sin x) + c_2'(x)\cos x$$
$$= -y + c_1'(x)(-\sin x) + c_2'(x)\cos x$$

となるので，

$$\begin{cases} c_1'(x)\cos x + c_2'(x)\sin x = 0, \\ c_1'(x)(-\sin x) + c_2'(x)\cos x = x \end{cases} \tag{6.16}$$

をみたす関数 $c_1(x)$, $c_2(x)$ が求まればよい．ところが，(6.16) を $c_1'(x)$, $c_2'(x)$ について解けば

$$c_1'(x) = -x\sin x, \quad c_2'(x) = x\cos x$$

であるから，a_1, a_2 を任意定数として，

$$c_1(x) = -\int x\sin x\, dx = x\cos x - \sin x + a_1,$$
$$c_2(x) = \int x\cos x\, dx = x\sin x + \cos x + a_2.$$

したがって，

$$y = c_1(x)\cos x + c_2(x)\sin x$$
$$= (x\cos x - \sin x + a_1)\cos x + (x\sin x + \cos x + a_2)\sin x$$
$$= a_1\cos x + a_2\sin x + x$$

が一般解である． □

注意　$c_1'(x)\cos x + c_2'(x)\sin x = 0$ という条件を途中で課したが，目的とするのは，(6.15) をみたす $c_1(x)$, $c_2(x)$ を一組求めることであるから，$c_1(x)$, $c_2(x)$ に適当な制限を加えること自身に問題はない（$c_1(x)$, $c_2(x)$ に下手な条件を課して先に進んだら $c_1(x)$, $c_2(x)$ が存在しなかったということはありうる．しかし，その場合は，もとに戻ってやり直せばよいだけである）．そして，先に進むのに便利なよう，この条件を「手で」課したということである．

　　例題 6.4 の議論では，定数変化法によって，$y = x$ が方程式 (6.15) の特解になっていることを導いたが，一方で，$y = x$ が方程式 (6.15) の特解になっていること自身は瞬時にわかる．このように，まずは，暗算で，簡単にわかる特解がないだろうかと探すことが，実際上重要である．そして，その延長線上の議論として，**未定係数法**（method of undetermined coefficients）がある．一般に，定数係数の線形微分方程式の場合，定数変化法でなく未定係数法によって簡単に解が求められることが多い．（ということで，実は，定数変化法が威力を発揮するのは定数係数線形微分方程式の場合でなく変数係数線形微分方程式の場合が多い．しかし，定数変化法を説明する題材としては，例題 6.4 のような定数係数の場合がわかりやすい．）

　　以下，未定係数法による非斉次方程式 $f(D)y = r(x)$ の一般解の求め方を，具体例に従って説明する．なお，微分演算子 $\frac{d}{dx}$ を D，多項式 $f(t) = t^2 + pt + q$（p, q は定数）に対して $f(D) = D^2 + pD + q$，関数 $y(x)$ に対して $f(D)y = y'' + py' + qy$ とする．

例題 6.5

次の微分方程式の特解を 1 つ求めなさい．

$$y'' + 4y = x. \tag{6.17}$$

【解答】　定数 a, b に対する $y = ax + b$ の形の特解を探そうとして $y = ax + b$ を方程式 (6.17) に代入すれば $4(ax + b) = x$ となって $a = \frac{1}{4}$, $b = 0$．したがって，$\frac{x}{4}$ が (6.17) の特解を与える．　　　　　　　　□

　　このように，(6.12) の $r(x)$ が x の m 次多項式の場合，m 次多項式で与えられる特解を探すという方針が手っ取り早い．

--- **例題 6.6** ---

次の微分方程式の特解を 1 つ求めなさい.

$$y'' + y' - 6y = e^{3x}. \tag{6.18}$$

【解答】 定数 a に対する $y = ae^{3x}$ の形の特解を探そうとして $y = ae^{3x}$ を方程式 (6.18) に代入すれば

$$6ae^{3x} = e^{3x}$$

となって $a = \frac{1}{6}$. したがって, $\frac{e^{3x}}{6}$ が (6.18) の特解を与える. □

一般に, $f(\lambda)$ を λ の多項式として,

$$f(D)e^{ax} = f(a)e^{ax}$$

であるから, $f(a) \neq 0$ であるならば, $\frac{e^{ax}}{f(a)}$ が $f(D)y = e^{ax}$ の特解を与えることがわかる.

--- **例題 6.7** ---

次の微分方程式の特解を 1 つ求めなさい.

$$y'' + y' - 6y = e^{2x}. \tag{6.19}$$

【解答】 斉次部分は例題 6.6 と同じである. 一方,

$$f(\lambda) = \lambda^2 + \lambda - 6 = (\lambda - 2)(\lambda + 3)$$

として, $f(D)y = e^{2x}$ の特解を求めたいのであるが, 今度は $f(D)e^{2x} = 0$ となるので, $y = ae^{2x}\ (a \in \mathbb{C})$ の形は特解を与えない. しかし,

$$(D - 2)(xe^{2x}) = e^{2x}$$

に気が付けば,

$$f(D)(xe^{2x}) = (D + 3)(D - 2)(xe^{2x})$$
$$= (D + 3)(e^{2x}) = 5e^{2x}$$

つまり $\frac{xe^{2x}}{5}$ が特解となることがわかる. □

─ 例題 **6.8** ─────────────────────

次の微分方程式の特解を 1 つ求めなさい.

$$y'' - 4y' + 3y = \sin x. \tag{6.20}$$

【解答】　定数 a, b に対する $y = a\cos x + b\sin x$ の形の特解を探すという方針で考えれば, $y' = -a\sin x + b\cos x$, $y'' = -a\cos x - b\sin x$ だから (6.20) より

$$(2a - 4b)\cos x + (2b + 4a)\sin x = \sin x$$

つまり $2a - 4b = 0$, $2b + 4a = 1$. これを解くと, $a = \frac{2}{10}$, $b = \frac{1}{10}$ だから, $\frac{2\cos x + \sin x}{10}$ が (6.20) の特解を与える.

【別解】　$f(\lambda) = \lambda^2 - 4\lambda + 3 = (\lambda - 1)(\lambda - 3)$ として, (6.20) の特解は, $f(D)y = e^{ix}$ の特解の虚部と考えることができる. そこで, a を定数として $y = ae^{ix}$ を方程式 $f(D)y = e^{ix}$ に代入すれば, $af(i)e^{ix} = e^{ix}$ より $a = \frac{1}{f(i)} = \frac{1+2i}{10}$. したがって, $\frac{(1+2i)e^{ix}}{10}$ が $f(D)y = e^{ix}$ の特解であり, $\frac{(1+2i)e^{ix}}{10}$ の虚部 $\frac{2\cos x + \sin x}{10}$ が (6.20) の特解を与える.　　□

　ところで, 積の微分公式

$$D(e^{ax}u) = ae^{ax}u + e^{ax}D(u)$$

を書き換えると,

$$e^{ax}D(u) = (D - a)(e^{ax}u)$$

という等式が得られるが, ここで, 関数 u を微分するということを, 関数 u に D を作用させるといい, 関数 e^{ax} を掛けることを, 掛け算作用素 e^{ax} を作用させるということにすると,

$$e^{ax}D(u) = (D - a)(e^{ax}u)$$

の左辺は関数 u に D を作用させてから e^{ax} を作用させたものと読むことができ, 右辺は関数 u に e^{ax} を作用させてから $(D - a)$ を作用させたものと読むことができる. そして, 等式

$$e^{ax}D(u) = (D - a)(e^{ax}u)$$

から作用素の部分だけを取り出せば（u の部分を取り除いて），

$$e^{ax}D = (D-a)e^{ax}$$

となるが，このような作用素における等式を作用素の交換関係という．つまらないものであるが，$D^2D = DD^2$ も作用素の交換関係の一種である．

さて，この交換関係 $e^{ax}D = (D-a)e^{ax}$ から

$$e^{ax}D^2 = (D-a)^2 e^{ax}$$

が導かれる．実際，

$$(D-a)^2 e^{ax} = (D-a)\{(D-a)e^{ax}\} = (D-a)(e^{ax}D)$$
$$= \{(D-a)e^{ax}\}D = (e^{ax}D)D = e^{ax}D^2$$

である．2 階の微分方程式を扱う限りはこれで十分であるが，一般に，正整数 n に対して，$e^{ax}D^n = (D-a)^n e^{ax}$ が成立することを帰納法で示すことができる．

ここまでくると，2 階微分作用素に関する交換関係

$$e^{ax}(D^2 + pD + q) = \{(D-a)^2 + p(D-a) + q\}e^{ax}$$

もしくは

$$e^{ax}(D^2 + pD + q)(u) = \{(D-a)^2 + p(D-a) + q\}(e^{ax}u)$$

が成り立つことは明らかである．ただし，ここでの p, q は定数である．

一般に，$f(\lambda)$ を λ の（2 次と限らない）多項式として

$$e^{ax}f(D)(u) = f(D-a)(e^{ax}u) \tag{6.21}$$

である．この関係は非斉次方程式の特解を求める際に非常に役立つ．

例　微分方程式 (6.19) の左から e^{-2x} を掛けると，$f(\lambda) = \lambda^2 + \lambda - 6$ として，$e^{-2x}f(D)y = 1$ であるが，これは関係式 (6.21) より

$$f(D+2)e^{-2x}y = 1$$

となる．そして，

$$f(D+2) = (D+2)^2 + (D+2) - 6 = D^2 + 5D$$

であることと，$u = \frac{x}{5}$ が $(D^2 + 5D)u = 1$ の特解であることを考え合わせると，$e^{-2x}y = \frac{x}{5}$ が $f(D+2)u = 1$ の特解つまり $y = \frac{x}{5}e^{2x}$ が $f(D)y = e^{2x}$ の特解であることがわかる．　　　　　　　　　　　　　　　　　　□

例　定数 a を係数にもつ微分方程式 $y' + ay = r(x)$ つまり $(D+a)y = r(x)$ の左から e^{ax} を掛ければ，

$$e^{ax}(D+a)y = e^{ax}r(x), \quad D(e^{ax}y) = e^{ax}r(x)$$

であるから，c を任意定数として，

$$e^{ax}y = \int e^{ax}r(x)\,dx + c$$

つまり

$$y = e^{-ax}\left(\int e^{ax}r(x)\,dx + c\right)$$

という解が得られる．　　　　　　　　　　　　　　　　　　　　　　　□

問 1　例題 6.6 と例題 6.8 を，同様な（(6.21) を用いる）手順で解き直しなさい．ただし，例題 6.8 では，右辺の $\sin x$ を e^{ix} の虚部と捉える．

問 2　次の微分方程式の一般解を実数値関数を用いて求めなさい．

(1)　$y'' - 4y' + 4y = e^{2x}$.　　　　　　　(2)　$y'' + y = \cos x$.

(3)　$y'' - 6y' + 13y = e^x \sin x$.　　　　(4)　$y'' - 2y' + 5y = e^x \cos 2x$.

(5)　$y'' - 5y' + 6y = 4e^x - e^{2x}$.　　　(6)　$y'' + 2y' + 2y = xe^{-2x}$.

(7)　$y'' + 2y' + 5y = xe^{-x}\cos x$.

（ヒント：(5) については，$f(D)u_1 = r_1$, $f(D)u_2 = r_2$ ならば $f(D)(u_1 + u_2) = r_1 + r_2$ であるという「当たり前の事実」を使う．）

── 例題 6.9 ──

次の微分方程式の一般解を求めなさい.

$$x''(t) + 2\gamma\, x'(t) + \omega_0^2\, x(t) = \frac{F}{m}\cos\omega t. \tag{6.22}$$

ただし, $\gamma,\ \omega,\ \omega_0,\ F,\ m$ は正の定数であり, $\omega \neq \omega_0$ とする.

【解答】 与えられた方程式 (6.22) を

$$x''(t) + 2\gamma\, x'(t) + \omega_0^2\, x(t) = \frac{F}{m}e^{i\omega t} \tag{6.23}$$

の実部と考えて, まずは, (6.23) の特解を探すという方針をとる. そのために, σ を定数として $x(t) = \sigma e^{i\omega t}$ を (6.23) に代入すると

$$-\omega^2\sigma + 2i\gamma\omega\sigma + \omega_0^2\sigma = \frac{F}{m}$$

より,

$$\sigma = \frac{\frac{F}{m}}{-\omega^2 + 2i\gamma\omega + \omega_0^2} = \frac{F}{m}\frac{\omega_0^2 - \omega^2 - 2i\gamma\omega}{(\omega_0^2 - \omega^2)^2 + (2\gamma\omega)^2}$$

$$= \frac{F}{m}\frac{\cos\delta - i\sin\delta}{\sqrt{(\omega_0^2 - \omega^2)^2 + (2\gamma\omega)^2}}.$$

ただし,

$$\cos\delta = \frac{\omega_0^2 - \omega^2}{\sqrt{(\omega_0^2 - \omega^2)^2 + (2\gamma\omega)^2}}, \quad \sin\delta = \frac{2\gamma\omega}{\sqrt{(\omega_0^2 - \omega^2)^2 + (2\gamma\omega)^2}}$$

であるから,

$$x(t) = \frac{F}{m\sqrt{(\omega_0^2 - \omega^2)^2 + (2\gamma\omega)^2}}e^{i(\omega t - \delta)}$$

が (6.23) の特解の 1 つであることが言える. したがって, この実部

$$\frac{F}{m\sqrt{(\omega_0^2 - \omega^2)^2 + (2\gamma\omega)^2}}\cos(\omega t - \delta) \tag{6.24}$$

が (6.22) の特解である.

一方, (6.22) の余関数は, 例題 6.3 で求まっているから, (6.22) の一般解は, その余関数と (6.24) との一次結合である. □

注意　直線 (x-軸) 上を運動する質量 m の質点 P に, ばねによる復元力 $-kx(t)$ $(k > 0)$ と空気や床からの摩擦などによる抵抗力 $-rx'(t)$ $(r > 0)$ と外力 $F(t)$ が働くと, 質点 P の運動方程式は

$$mx''(t) = -kx - rx'(t) + F(t)$$

である. ここで, とくに $F(t) = F \cos \omega t$ の場合が (6.22) である.

注意　例題 6.3 の注意で説明した通り, 十分時間が経てば, 余関数からの寄与は無視できるようになって, 質点 P の運動は (6.24) で表される振動となる. ここで, 位相差 δ はあるものの, 質点 P の角振動数は外力の角振動数 ω に等しい. これが**強制振動** (forced oscillation) の特徴である.

注意　時間が十分経過したのちの質点 P の運動の振幅

$$A(\omega) = \frac{F}{m\sqrt{(\omega_0^2 - \omega^2)^2 + (2\gamma\omega)^2}} \tag{6.25}$$

の性質を調べてみる. すぐにわかることだが, $A'(\omega) = 0$ となる ω は

$$\omega(\omega^2 - \omega_0^2 + 2\gamma^2) = 0$$

をみたす ω であり, $\omega_0^2 \leq 2\gamma^2$ の場合, $\omega = 0$ のときの $A(0)$ が最大値であって $A(\omega)$ は単調減少, $\omega_0^2 > 2\gamma^2$ の場合, $\omega = \omega_1 := \sqrt{\omega_0^2 - 2\gamma^2}$ のときの

$$A(\omega_1) = \frac{F}{2m\gamma\sqrt{\omega_0^2 - \gamma^2}}$$

が最大値であって, $0 \leq \omega \leq \omega_1$ で単調増加, $\omega_1 \leq \omega$ で単調減少する. そして, γ が ω_0 に比べて十分小さいとき ($\gamma \ll \omega_0$) は $\omega_1 \doteq \omega_0$ であって, しかも $A(\omega_1) \doteq A(\omega_0)$ は γ が小さければ小さいほど大きくなる. つまり, 外力の振動の角振動数 ω を質点 P の固有角振動数 ω_0 に近づければ, 質点 P の振幅は非常に大きくなる. このような状況を**共振**または**共鳴** (ともに resonance の訳) という. ブランコを上手く漕ぐコツは ω_0 を感覚的に掴むことにある.

6.4 オイラー方程式

次の形の方程式を**オイラーの微分方程式**（Euler differential equation）という.

$$x^n y^{(n)}(x) + p_1 x^{n-1} y^{(n-1)}(x) + \cdots + p_{n-1} x y'(x) + p_n y(x) = r(x).$$

ただし，$p_1, \ldots, p_n$ は定数とする. この方程式は $x = e^t$ によって，独立変数を x から t に変換すると，定数係数の線形微分方程式になる. 例えば，$n = 2$ の場合は，$x = e^t$ および $y(x) = z(t)$ とすれば，$z'(t) = e^t y'(e^t)$, $z''(t) = e^t y'(e^t) + e^{2t} y''(e^t)$ であるから，

$$x^2 y''(x) + p_1 x y'(x) + p_2 y(x) = z''(t) + (p_1 - 1)z'(t) + p_2 z(t).$$

— 例題 6.10 —

次の微分方程式を解きなさい.

$$xy' + y = x \log x. \tag{6.26}$$

【解答】 $x = e^t$ および $y(x) = z(t)$ とおくと方程式 (6.26) は

$$z'(t) + z(t) = te^t \tag{6.27}$$

と書き換えられるが，この方程式 (6.27) の一般解は C を任意定数として

$$z(t) = Ce^{-t} + \left(\frac{1}{2}t - \frac{1}{4}\right)e^t$$

であるので，

$$y(x) = Cx^{-1} + \left(\frac{1}{2}\log x - \frac{1}{4}\right)x \quad (C \text{ は任意定数})$$

が (6.26) の一般解である. □

問 次の微分方程式を解きなさい.

(1) $x^2 y'' - 6y = 0.$ (2) $x^2 y'' - xy' + y = 0.$

(3) $x^2 y'' + 2xy' - 6y = x \log x.$ (4) $x^2 y'' + xy' - y = x.$

(5) $x^2 y'' + xy' - 4y = x.$ (6) $x^2 y'' - xy' + y = \log x.$

6.5 定 数 変 化 法

6.3 節でも触れたが，非斉次の解を求める方法としての定数変化法は変数係数の 2 階線形微分方程式

$$y'' + p(x)y' + q(x)y = r(x) \tag{6.28}$$

の場合にも有効である．具体例で確認しておこう．

例題 6.11

関数 x, e^x が斉次部分の解であることを既知として，微分方程式

$$(1-x)y'' + xy' - y = (1-x)^2 \tag{6.29}$$

の一般解を求めなさい．

【解答】　$y = c_1(x)x + c_2(x)e^x$ とすれば，

$$y' = c_1'(x)x + c_2'(x)e^x + c_1(x) + c_2(x)e^x$$

であるが，

$$c_1'(x)x + c_2'(x)e^x = 0 \tag{6.30}$$

を課すことにすれば，その下で，

$$y'' = c_1'(x) + c_2'(x)e^x + c_2(x)e^x$$

および

$$(1-x)y'' + xy' - y$$
$$= (1-x)\{c_1'(x) + c_2'(x)e^x + c_2(x)e^x\}$$
$$\quad + x\{c_1(x) + c_2(x)e^x\} - \{c_1(x)x + c_2(x)e^x\}$$
$$= (1-x)\{c_1'(x) + c_2'(x)e^x\}$$

であるので，さらに

$$c_1'(x) + c_2'(x)e^x = 1 - x \tag{6.31}$$

が成り立つことにすれば, $y = c_1(x)x + c_2(x)e^x$ は (6.29) の解となる. 一方, (6.30) と (6.31) とを連立すると,

$$\begin{pmatrix} x & e^x \\ 1 & e^x \end{pmatrix} \begin{pmatrix} c_1'(x) \\ c_2'(x) \end{pmatrix} = \begin{pmatrix} 0 \\ 1-x \end{pmatrix}$$

であり,

$$\begin{pmatrix} c_1'(x) \\ c_2'(x) \end{pmatrix} = \frac{1}{e^x(x-1)} \begin{pmatrix} e^x & -e^x \\ -1 & x \end{pmatrix} \begin{pmatrix} 0 \\ 1-x \end{pmatrix}$$

$$= \frac{1}{e^x(x-1)} \begin{pmatrix} (x-1)e^x \\ -(x-1)x \end{pmatrix} = \begin{pmatrix} 1 \\ -xe^{-x} \end{pmatrix}$$

であるから, a_1, a_2 を積分定数として

$$c_1(x) = x + a_1, \quad c_2(x) = -\int xe^{-x}\, dx + a_2 = (x+1)e^{-x} + a_2.$$

したがって, (6.29) の一般解は

$$y = a_1 x + a_2 e^x + 1 + x + x^2 \quad (a_1, a_2 \text{ は任意定数})$$

である. □

一般に, (6.28) に対する斉次方程式

$$y'' + p(x)y' + q(x)y = 0 \tag{6.32}$$

の解の基本系 $y_1(x)$, $y_2(x)$ を用いて

$$y = c_1(x)y_1(x) + c_2(x)y_2(x)$$

とおく. このとき,

$$y' = c_1'(x)y_1(x) + c_2'(x)y_2(x) + c_1(x)y_1'(x) + c_2(x)y_2'(x)$$

であるが, 仮に $c_1'(x)y_1(x) + c_2'(x)y_2(x) = 0$ が成り立っているとすれば,

$$y' = c_1(x)y_1'(x) + c_2(x)y_2'(x),$$

$$y'' = c_1'(x)y_1'(x) + c_2'(x)y_2'(x) + c_1(x)y_1''(x) + c_2(x)y_2''(x)$$

および

$$y'' + p(x)y' + q(x)y$$

$$= c_1(x)\{y_1''(x) + p(x)y_1'(x) + q(x)y_1(x)\}$$

$$\quad + c_2(x)\{y_2''(x) + p(x)y_2'(x) + q(x)y_2(x)\}$$

$$\quad + c_1'(x)y_1'(x) + c_2'(x)y_2'(x)$$

$$= c_1'(x)y_1'(x) + c_2'(x)y_2'(x)$$

であるから，さらに $c_1'(x)y_1'(x) + c_2'(x)y_2'(x) = r(x)$ が成り立つとすると，

$$y = c_1(x)y_1(x) + c_2(x)y_2(x)$$

が (6.28) の解となる.

ここで，$c_1'(x)y_1(x) + c_2'(x)y_2(x) = 0$ と $c_1'(x)y_1'(x) + c_2'(x)y_2'(x) = r(x)$ とが同時に成り立てば，

$$\begin{pmatrix} y_1(x) & y_2(x) \\ y_1'(x) & y_2'(x) \end{pmatrix} \begin{pmatrix} c_1'(x) \\ c_2'(x) \end{pmatrix} = \begin{pmatrix} 0 \\ r(x) \end{pmatrix}.$$

つまり

$$\begin{pmatrix} c_1'(x) \\ c_2'(x) \end{pmatrix} = \begin{pmatrix} y_1(x) & y_2(x) \\ y_1'(x) & y_2'(x) \end{pmatrix}^{-1} \begin{pmatrix} 0 \\ r(x) \end{pmatrix}$$

$$= \frac{1}{W(y_1(x), y_2(x))} \begin{pmatrix} y_2'(x) & -y_2(x) \\ -y_1'(x) & y_1(x) \end{pmatrix} \begin{pmatrix} 0 \\ r(x) \end{pmatrix}$$

$$= \frac{1}{W(y_1(x), y_2(x))} \begin{pmatrix} -y_2(x)r(x) \\ y_1(x)r(x) \end{pmatrix}.$$

よって，a_1, a_2 を定数として，

$$c_1(x) = \int \frac{-y_2(x)r(x)}{W(y_1(x), y_2(x))}\, dx + a_1,$$

$$c_2(x) = \int \frac{y_1(x)r(x)}{W(y_1(x), y_2(x))}\, dx + a_2$$

であるから，a_1, a_2 を任意定数として，

$$y = a_1 y_1(x) + a_2 y_2(x)$$

$$+ y_1(x) \int \frac{-y_2(x)r(x)}{W(y_1(x), y_2(x))} \, dx + y_2(x) \int \frac{y_1(x)r(x)}{W(y_1(x), y_2(x))} \, dx$$

が (6.28) の一般解である．

問 1　次の微分方程式を解きなさい.

(1)　$y'' + y = \dfrac{1}{\cos x}$.　　(2)　$y'' + 3y' + 2y = \dfrac{1}{1 + e^x}$.

問 2　微分方程式 $y'' + y = r(x)$ の一般解が

$$y = C_1 \cos x + C_2 \sin x + \int \sin(x - t)\, r(t)\, dt \quad (C_1, C_2 \text{ は任意定数})$$

で与えられることを示しなさい.

　余関数がわかったことを前提にして，非斉次式の特解を求めるという手筋の定数変化法であったが，斉次部分の解の 1 つがわかったことを前提に，斉次部分のもう 1 つの解を求めるためにも定数変化法は有効である．例題でみてみよう．

┌─── **例題 6.12** ───────────────────────

　次の微分方程式を解きなさい.

$$(1 + x^2)y'' - 2xy' + 2y = 0. \tag{6.33}$$

【解答】　すぐにみつかる $y_1 = x$ という解を梃子にして，もう 1 つの解を $y_2 = uy_1$ とすれば

$$(1 + x^2)y_2'' - 2xy_2' + 2y_2 = (1 + x^2)(u''x + 2u') - 2x(u'x + u) + 2ux$$

$$= (1 + x^2)xu'' + 2u'$$

であり，u' についての方程式 $(1 + x^2)xu'' + 2u' = 0$ を解けば，

$$\frac{u''}{u'} = \frac{-2}{x(1+x^2)} = 2\left(\frac{x}{1+x^2} - \frac{1}{x}\right)$$

より，

$$\log|u'| = \log(1+x^2) - \log x^2 + (\text{定数})$$

であり，

$$u' = (\text{定数}) \times \frac{1+x^2}{x^2} = (\text{定数}) \times \left(\frac{1}{x^2} + 1\right).$$

つまり

$$u = (\text{定数}) \times \left(-\frac{1}{x} + x + (\text{定数})\right)$$

であるので，

$$y_2 = (\text{定数}) \times (-1 + x^2 + (\text{定数}) \times x)$$

である．したがって，(6.33) の一般解は

$$y = c_1(x^2 - 1) + c_2 x \quad (c_1,\ c_2\ \text{は任意定数})$$

である． □

一般に，

$$y'' + p(x)y' + q(x)y = 0 \tag{6.34}$$

に対して，$y_2 = uy_1$ とすると，

$$y_2'' + p(x)y_2' + q(x)y_2$$
$$= (u''y_1 + 2u'y_1' + uy_1'') + p(x)(u'y_1 + uy_1') + q(x)uy_1$$
$$= u''y_1 + u'(2y_1' + p(x)y_1) + u(y_1'' + p(x)y_1' + q(x)y_1)$$

であるから，y_1 が (6.34) の解であれば，

$$u''y_1 + u'(2y_1' + py_1) = 0 \tag{6.35}$$

なる u' に関する 1 階微分方程式を解くことによって，y_1 と異なる解 $y_2 = uy_1$ が求まる．この手順も **定数変化法** (method of variation of parameters) と

いう．また，(6.35) は u' に関する 1 階微分方程式であるから，(6.34) の階数を 1 つ下げた (6.35) を得るこの手続きは**階数低下**（depression / reduction of the order）の方法とも呼ばれる．

問 3 次の微分方程式を解きなさい．
$$xy'' - (2x+1)y' + (x+1)y = 0.$$

問 4 $xy'' + 2y' + xy = 0$ について，$y = \frac{\cos x}{x}$ が解になっていることを前提として，一般解を求めなさい．

一方，1 階微分の項を含まない

$$y'' + s(x)y = t(x) \tag{6.36}$$

の形の方程式を，2 階線形微分方程式

$$y'' + p(x)y' + q(x)y = r(x) \tag{6.37}$$

の**標準形**（normal form）ということがある．

繰り返しになるが，(6.37) において，$y = uy_1$ とすると，

$$
\begin{aligned}
&y'' + p(x)y' + q(x)y \\
&= (u''y_1 + 2u'y_1' + uy_1'') + p(x)(u'y_1 + uy_1') + q(x)uy_1 \\
&= uy_1'' + (2u' + p(x)u)y_1' + (u'' + p(x)u' + q(x)u)y_1 = r(x)
\end{aligned}
$$

であるから，今度は，

$$2u' + p(x)u = 0$$

をみたすように u を選ぶ．このとき，

$$
\begin{aligned}
&u = \exp\left(-\frac{1}{2}\int p(x)\,dx\right), \\
&u' = -\frac{1}{2}p(x)u, \quad u'' = \left(\frac{1}{4}p^2(x) - \frac{1}{2}p'(x)\right)u
\end{aligned}
$$

であって，(6.37) は

$$y_1'' + \left(q(x) - \frac{p^2(x)}{4} - \frac{p'(x)}{2} \right) y_1 = r(x) \exp\left(\frac{1}{2} \int p(x)\,dx \right)$$

と書き換わる.

　次の例題は，標準化すると解ける形の方程式になっている場合があるということを示すためのものである.

— 例題 6.13 —

　次の微分方程式を解きなさい.

$$y'' + 2xy' + x^2 y = 0. \tag{6.38}$$

【解答】　$y = uy_1$ とすると,

$$
\begin{aligned}
& y'' + 2xy' + x^2 y \\
& = (u''y_1 + 2u'y_1' + uy_1'') + 2x(u'y_1 + uy_1') + x^2 uy_1 \\
& = uy_1'' + (2u' + 2xu)y_1' + (u'' + 2xu' + x^2 u)y_1
\end{aligned}
$$

であるから，$u' + xu = 0$ の解 $u = e^{-\frac{x^2}{2}}$ を用いれば.

$$u'' + 2xu' + x^2 u = -u$$

ゆえ，(6.38) は $y_1'' - y_1 = 0$ に帰着される. そして，$y_1'' - y_1 = 0$ の一般解が c_1, c_2 を任意定数として $y_1 = c_1 e^x + c_2 e^{-x}$ であることに注意すれば，結局，(6.38) の一般解は

$$y = e^{-\frac{x^2}{2}} \left(c_1 e^x + c_2 e^{-x} \right) \quad (c_1, c_2 \text{ は任意定数})$$

である.　　　　　　　　　　　　　　　　　　　　　　　　　　　　□

6.6　連立微分方程式

　いままでは単独な微分方程式についての議論であったが，この節では連立型の微分方程式の典型例について触れる.

─── 例題 6.14 ───

次の連立微分方程式の一般解を実数値関数を用いて求めなさい.

$$x'(t) = y(t) + \sin t, \quad y'(t) = -x(t) + \cos t. \tag{6.39}$$

【解答】 $D = \frac{d}{dt}$ として, $Dx - y = \sin t$ の両辺の左から D を掛けたもの $D(Dx - y) = D\sin t$ に $x + Dy = \cos t$ を加えれば,

$$(D^2 + 1)x = D\sin t + \cos t \quad (= 2\cos t) \tag{6.40}$$

となるが, この方程式の一般解は $x = c_1\cos t + (c_2 + t)\sin t$ (c_1, c_2 は任意定数) であり, このとき, $y = x' - \sin t = (c_1\cos t + c_2\sin t + t\sin t)' - \sin t = -c_1\sin t + c_2\cos t + t\cos t$ である.　　□

ここで, 行列式を使って (6.40) を書き直せば,

$$\begin{vmatrix} D & -1 \\ 1 & D \end{vmatrix} x = \begin{vmatrix} \sin t & -1 \\ \cos t & D \end{vmatrix} \tag{6.41}$$

となる. ただし, 右辺の書き換えについては, 行列の要素として微分作用素と関数とを混在させるため注意が必要で, $(1,1)$ 成分と $(2,2)$ 成分の掛け算は $D\sin t$ とする. 一般に, 微分作用素が含まれる成分とそうでない成分とを掛ける場合は微分作用素が含まれる成分を左側にもっていくと考える. その約束のもとで微分作用素 (ただし, 定数係数) を成分として含む行列の行列式を定義すれば,

$$\begin{vmatrix} D & -1 \\ 1 & D \end{vmatrix} y = \begin{vmatrix} D & \sin t \\ 1 & \cos t \end{vmatrix} \tag{6.42}$$

が成り立つこともいえる. (6.41) と (6.42) は, (6.39) を書き換えた

$$\begin{pmatrix} D & -1 \\ 1 & D \end{pmatrix} \begin{pmatrix} x \\ y \end{pmatrix} = \begin{pmatrix} \sin t \\ \cos t \end{pmatrix}$$

に対するクラメルの公式 (Cramer's formula) に他ならない. ただし, 積の順序が交換可能でない微分作用素と関数とを成分にもつ行列に対するもの (つまり, 通常習う行列とは異なるもの) であることに注意する.

一般に, 定数係数の微分作用素 $a_{11}(D)$, $a_{12}(D)$, $a_{21}(D)$, $a_{22}(D)$ と関数

$b_1(t)$, $b_2(t)$ を用いた微分方程式

$$\begin{pmatrix} a_{11}(D) & a_{12}(D) \\ a_{21}(D) & a_{22}(D) \end{pmatrix} \begin{pmatrix} x(t) \\ y(t) \end{pmatrix} = \begin{pmatrix} b_1(t) \\ b_2(t) \end{pmatrix} \tag{6.43}$$

について，(6.43) の 1 行目 $a_{11}(D)x(r) + a_{12}(D)y(t) = b_1(t)$ の両辺の左から $a_{22}(D)$ を掛けたもの

$$a_{22}(D)(a_{11}(D)x(t) + a_{12}(D)y(t)) = a_{22}(D)b_1(t)$$

から 2 行目 $a_{21}(D)x(t) + a_{22}(D)y(t) = b_2(t)$ の両辺の左から $a_{12}(D)$ を掛けたもの

$$a_{12}(D)(a_{21}(D)x(t) + a_{22}(D)y(t)) = a_{12}(D)b_2(t)$$

を引けば

$$\{a_{22}(D)a_{11}(D) - a_{12}(D)a_{21}(D)\}x(t) = a_{22}(D)b_1(t) - a_{12}(D)b_2(t)$$

であり，同様に，(6.43) の 1 行目の両辺の左から $a_{21}(D)$ を掛けたものから 2 行目の両辺の左から $a_{11}(D)$ を掛けたものを引けば

$$\{a_{21}(D)a_{12}(D) - a_{11}(D)a_{22}(D)\}y(t) = a_{21}(D)b_1(t) - a_{11}(D)b_2(t)$$

であって，これらは

$$\begin{vmatrix} a_{11}(D) & a_{12}(D) \\ a_{21}(D) & a_{22}(D) \end{vmatrix} x(t) = \begin{vmatrix} b_1(t) & a_{12}(D) \\ b_2(t) & a_{22}(D) \end{vmatrix}$$

および

$$\begin{vmatrix} a_{11}(D) & a_{12}(D) \\ a_{21}(D) & a_{22}(D) \end{vmatrix} y(t) = \begin{vmatrix} a_{11}(D) & b_1(t) \\ a_{21}(D) & b_2(t) \end{vmatrix}$$

と表される.

注意　例題の解答では，(6.42) つまり $(D^2+1)y = -2\sin t$ を解くことにより y を求めてもよい. ただし，$(D^2+1)y = -2\sin t$ の一般解 $y = c_3\cos t + c_4\sin t + t\cos t$ (c_3, c_4 は定数) の定数は，もはや勝手な値をとることが許されず，x の一般解における任意定数 c_1, c_2 との関係をもっていることに気をつけねばならない. いまの場合，$c_3 = c_2$, $c_4 = -c_1$ である.

問 1 次の連立微分方程式の一般解を求めなさい.
$$x'(t) = x(t) + 4y(t) + e^t, \quad y'(t) = x(t) + y(t) - 2e^t.$$

問 2 次の連立微分方程式の一般解を実数値関数を用いて求めなさい.
$$x'(t) = x(t) + y(t) - \sin t, \quad y'(t) = -x(t) + y(t) - \cos t.$$

── 例題 6.15 ──────────────

次の連立微分方程式の一般解を実数値関数を用いて求めなさい.

$$x''(t) + y(t) = \sin t, \quad y''(t) + x(t) = \cos t.$$

【解答】 与えられた方程式は $D = \frac{d}{dt}$ として,

$$\begin{pmatrix} D^2 & 1 \\ 1 & D^2 \end{pmatrix} \begin{pmatrix} x \\ y \end{pmatrix} = \begin{pmatrix} \sin t \\ \cos t \end{pmatrix}$$

であるから,

$$\begin{vmatrix} D^2 & 1 \\ 1 & D^2 \end{vmatrix} x = \begin{vmatrix} \sin t & 1 \\ \cos t & D^2 \end{vmatrix}, \quad \begin{vmatrix} D^2 & 1 \\ 1 & D^2 \end{vmatrix} y = \begin{vmatrix} D^2 & \sin t \\ 1 & \cos t \end{vmatrix}.$$

つまり

$$(D^4 - 1)x = D^2 \sin t - \cos t = -\sin t - \cos t, \tag{6.44}$$

$$(D^4 - 1)y = D^2 \cos t - \sin t = -\cos t - \sin t. \tag{6.45}$$

ここで, $(\lambda^4 - 1) = (\lambda - 1)(\lambda + 1)(\lambda - i)(\lambda + i)$ であることより, (6.44) の余関数は

$$c_1 e^t + c_2 e^{-t} + c_3 \cos t + c_4 \sin t$$

であり, $(D^4 - 1)(te^{it}) = -4ie^{it}$ より

$$(D^4 - 1)(t\cos t) = 4\sin t, \quad (D^4 - 1)(t\sin t) = -4\cos t$$

であるから

$$\frac{t(\sin t - \cos t)}{4}$$

が (6.44) の特解である. したがって,

$$x = c_1 e^t + c_2 e^{-t} + c_3 \cos t + c_4 \sin t + \frac{t}{4}(\sin t - \cos t)$$

$$= c_1 e^t + c_2 e^{-t} + \left(c_3 - \frac{t}{4}\right) \cos t + \left(c_4 + \frac{t}{4}\right) \sin t$$

$$(c_1, c_2, c_3, c_4 \text{ は任意定数})$$

が (6.44) の一般解であり, それに対応して,

$$y = \sin t - D^2 x$$

$$= -c_1 e^t + c_2 e^{-t} + \left(c_3 - \frac{1}{2} - \frac{t}{4}\right) \cos t + \left(c_4 + \frac{1}{2} + \frac{t}{4}\right) \sin t$$

である.　　　　　　　　　　　　　　　　　　　　　　　　　　　　□

問 3　次の連立微分方程式の一般解を求めなさい.

$$x''(t) = 3x(t) + 4y(t) - 2, \quad y''(t) = -x(t) - y(t) - 6.$$

第 6 章　章末問題

6.1　$y''(x) + p(x)y'(x) + q(x)y(x) = 0$ の解 $y_1(x), y_2(x)$ に関するロンスキアンを $W(x)$ としたとき,

$$W(x) = W(x_0) \exp\left\{-\int_{x_0}^{x} p(x)\, dx\right\}$$

となることを示しなさい.

6.2　$y''(x) + \lambda y(x) = 0, y(0) = y(1) = 0$ をみたす解に関する次を示しなさい.
(1)　$\lambda \leq 0$ ならば $y(x) = 0$ である.
(2)　$\lambda > 0$ ならば適当な値 λ に対して定数関数 0 とは異なる関数 $y(x)$ を解にもつ.

6.3　L, C を正の定数として, 次の連立微分方程式を解きなさい.

$$I_1''(t) = -\frac{2}{LC}I_1(t) + \frac{1}{LC}I_2(t), \quad I_2''(t) = \frac{1}{LC}I_1(t) - \frac{2}{LC}I_2(t).$$

6.4　次の連立微分方程式の一般解を求めなさい.

$$x'(t) = -x(t) + y(t), \quad y'(t) = -y(t) + 4z(t), \quad z'(t) = x(t) - 4z(t).$$

第7章

特殊2階線形常微分方程式

特殊関数がみたす微分方程式を特殊微分方程式と呼ぶ．ここでは，微分方程式の視点から，特殊関数論入門へ導く．

7.1 冪 級 数 解

微分方程式を冪級数により解く方法も有益である．例えば，最も簡単な微分方程式 $y' = ky$（k は 0 でない定数）の解は既に学習した通り $c\,e^{kx}$（c は定数）であるが，これを冪級数を用いて次のように解くことができる．

例 微分方程式 $y' = ky$（k は 0 でない定数）の解を $y = c_0 + c_1 x + c_2 x^2 + \cdots + c_m x^m + \cdots$ とすれば $y' = c_1 + 2c_2 x + 3c_3 x^2 + \cdots + mc_m x^{m-1} + \cdots$ であるので，これらを $y' = ky$ に代入して，x の冪の係数を比較すると，定数項から $c_1 = kc_0$，x の係数から $2c_2 = kc_1$，x^2 の係数から $3c_3 = kc_2$，$\cdots$，x^{m-1} の係数から $mc_m = kc_{m-1}$ であり，まとめて，$c_m = \frac{k^m c_0}{m!}$ となるので，結局，

$$y = \sum_{m \geq 0} c_m x^m = c_0 \sum_{m \geq 0} \frac{(kx)^m}{m!} = c_0 e^{kx}$$

である． □

例題 7.1

微分方程式 $y'' = -k^2 y$（k は 0 でない定数）を冪級数を用いて解きなさい．

【解答】 $y = \sum_{m \geq 0} c_m x^m$ とすると，

$$y'' = \sum_{m \geq 2} c_m m(m-1) x^{m-2} = \sum_{m \geq 0} c_{m+2}(m+2)(m+1) x^m$$

であるから，これらを $y'' = -k^2 y$ に代入して両辺を比較すると，$2 \cdot 1\, c_2 = -k^2 c_0$, $3 \cdot 2\, c_3 = -k^2 c_1$, $4 \cdot 3\, c_4 = -k^2 c_2$, $5 \cdot 4\, c_5 = -k^2 c_3$, $\ldots$, $m \cdot (m-1)\, c_{m-2} = -k^2 c_m, \ldots$ であるから，整理して，$c_{2m} = \frac{c_0(-k^2)^m}{(2m)!}$, $c_{2m+1} = \frac{c_1(-k^2)^m}{(2m+1)!}$ $(m \in \mathbb{Z}_{\geq 0})$. したがって，

$$y = \sum_{m \geq 0} c_m x^m = c_0 \sum_{m \geq 0} \frac{(-1)^m (kx)^m}{(2m)!} + \frac{c_1}{k} \sum_{m \geq 0} \frac{(-1)^m (kx)^{2m+1}}{(2m+1)!}$$

$$= c_0 \cos kx + \frac{c_1}{k} \sin kx$$

である。　　　　　　　　　　　　　　　　　　　　　　　　　　□

　一般に，2階線形微分方程式

$$y'' + p(x)y' + q(x)y = 0 \tag{7.1}$$

の係数 $p(x)$, $q(x)$ が $x = a$ で解析的（テイラー展開できる）であるとき，$x = a$ を微分方程式 (7.1) の**通常点**（ordinary point）という。このとき，与えられた初期条件

$$y(a) = b_0,\ y'(a) = b_1$$

をみたす $x = a$ で解析的な解が唯一つ存在する。

　その解を求めるには，係数 $p(x)$, $q(x)$ の $x = a$ を中心としたテイラー展開と，$y = \sum_{m \geq 0} c_m (x-a)^m$ を方程式に代入したものを，$x - a$ の冪で整理し，$x - a$ の冪の係数を比較することで，c_m に関する漸化式を導けばよい。

　ところで，このような計算において，$\alpha(\alpha+1)\cdots(\alpha+k-1)$ という積がしばしば現れる。これを $(\alpha)_k$ または $(\alpha; k)$ と表すことにする（イギリス系は前者，フランス系は後者を使う傾向にある）。ただし，$(\alpha)_0 = (\alpha; 0) = 1$ と約束する。この記号は**ポッホハンマーの記号**（Pochhammer symbol, Pochhammer's notation），または，**起点をずらした上昇階乗**（shifted rising factorial）と呼ばれる（ふつうの階乗を起点 $\alpha = 1$ のときと考える）。

　例　$(a)_2 = a(a+1)$, $(-3)_2 = (-3)(-2)$,
　　　$(-3)_3 = (-3)(-2)(-1)$, $(-3)_4 = 0$. 　　　　　　　□

　例　m, n を $m > n$ なる非負整数とするとき，$(-n)_m = 0$ であり，$(-n)_n = (-1)^n n!$ である。また，$(1)_m = m!$ でもある。　　　　□

注意　ポッホハンマーは超幾何関数の研究に貢献した19世紀の数学者であり，彼自身が使ったのは $[\alpha]_n^+$ という記号であるが，起点をずらした上昇階乗の記号を導入した彼に敬意を表してそれを表す記号はおしなべてポッホハンマーの記号と呼ばれることが多い．なお，$[\alpha]_m^- = \alpha(\alpha-1)\cdots(\alpha-m+1)$ という下降階乗（lowering factorial）の記号も彼は導入しているが，便利な反面，両方を使うと，意外とややこしくなってしまうので，上昇階乗の記号だけを使用するのが主流である．

7.2 ルジャンドル方程式

次の微分方程式を**ルジャンドル方程式**（Legendre equation）という．

$$(1 - x^2)y'' - 2xy' + n(n+1)y = 0 \tag{7.2}$$

または

$$\{(1 - x^2)y'\}' + n(n+1)y = 0. \tag{7.3}$$

ここで，(7.2) の両辺を $(1 - x^2)$ で割った式と (7.1) とを比べればわかる通り，$x = 0$ は通常点である．

── 例題 7.2 ──

ルジャンドル方程式 (7.2) の原点における級数解のうち，$y_1(0) = 1$，$y_1'(0) = 0$ および $y_2(0) = 0$, $y_2'(0) = 1$ なるものは次の通りであることを示しなさい．

$$y_1(x) = \sum_{m \geq 0} \frac{\left(\dfrac{n+1}{2}\right)_m \left(-\dfrac{n}{2}\right)_m}{\left(\dfrac{1}{2}\right)_m m!} x^{2m},$$

$$y_2(x) = \sum_{m \geq 0} \frac{\left(-\dfrac{n-1}{2}\right)_m \left(\dfrac{n}{2}+1\right)_m}{\left(\dfrac{3}{2}\right)_m m!} x^{2m+1}.$$

【解答】 $y = \sum_{m \geq 0} c_m x^m$ として，

$$y' = \sum_{m \geq 1} m c_m x^{m-1},$$

$$y'' = \sum_{m \geq 2} m(m-1)c_m x^{m-2} = \sum_{m \geq 0} (m+2)(m+1)c_{m+2} x^m$$

を方程式 (7.2) に代入すれば

$$(1-x^2)y'' - 2xy' + n(n+1)y$$

$$= \sum_{m \geq 0} (m+2)(m+1)\,c_{m+2}\, x^m - \sum_{m \geq 2} m(m-1)\,c_m x^m$$

$$\quad - 2\sum_{m \geq 1} m\,c_m\, x^m + n(n+1)\sum_{m \geq 0} c_m\, x^m$$

$$= \sum_{m \geq 0} \{(m+2)(m+1)\,c_{m+2} + (n+m+1)(n-m)\,c_m\}\, x^m$$

であるから,

$$c_{m+2} = \frac{(n+m+1)(m-n)}{(m+2)(m+1)}\,c_m \quad (m \in \mathbb{Z}_{\geq 0}). \tag{7.4}$$

これより, k を非負整数として,

$$
\begin{aligned}
c_{m+2k} &= \frac{(n+m+2k-1)(m-n+2k-2)}{(m+2k)(m+2k-1)} \\
&\quad \times \frac{(n+m+2k-3)(m-n+2k-4)}{(m+2k-2)(m+2k-3)} \\
&\quad \times \quad \cdots \quad \cdots \quad \cdots \quad \cdots \\
&\quad \times \frac{(n+m+1)(m-n)}{(m+2)(m+1)}\,c_m
\end{aligned}
\tag{7.5}
$$

であり, とくに $m=0$ および $m=1$ として,

$$c_{2k} = \frac{\left(\frac{n+1}{2}\right)_k \left(-\frac{n}{2}\right)_k}{k!\left(\frac{1}{2}\right)_k}\,c_0$$

および

$$c_{1+2k} = \frac{\left(\frac{n+2}{2}\right)_k \left(\frac{-n+1}{2}\right)_k}{k!\left(\frac{3}{2}\right)_k}\,c_1$$

である. あとは $c_0 = 1$, $c_1 = 0$ および $c_0 = 0$, $c_1 = 1$ とおけば, それぞれが $y_1(x)$, $y_2(x)$ である. $\qquad\square$

head

注意 n を非負整数とすれば, $y_1(x)$, $y_2(x)$ のどちらかは多項式になる. 例えば, n が偶数なら $\left(-\frac{n}{2}\right)_k$ のおかげで $y_1(x)$ が第 $\frac{n}{2}$ 項で切れ $2 \times \frac{n}{2} = n$ 次の多項式になるし, n が奇数なら $\left(\frac{-n+1}{2}\right)_k$ のおかげで $y_2(x)$ が第 $\frac{n-1}{2}$ 項で切れ, $2 \times \frac{n-1}{2} + 1 = n$ 次の多項式になる. このことは, もともとの (7.4) において, $m = n$ とすれば $c_{n+2} = 0$ であることからも明らかである. また, $y_1(x)$ が多項式のときに $y_2(x)$ は多項式でなく, $y_2(x)$ が多項式のときに $y_1(x)$ は多項式でない.

次の n 次多項式を**ルジャンドル多項式**（Legendre polynomial）という.

$$P_n(x) = \sum_{k=0}^{\left[\frac{n}{2}\right]} \frac{(-1)^k (2n-2k)!}{2^n k! (n-k)! (n-2k)!} x^{n-2k} \tag{7.6}$$

$$= \frac{1}{2^n n!} \sum_{k=0}^{\left[\frac{n}{2}\right]} \binom{n}{k} \frac{(-1)^k (2n-2k)!}{(n-2k)!} x^{n-2k}. \tag{7.7}$$

ただし, $\left[\frac{n}{2}\right]$ は n が偶数なら $\frac{n}{2}$, 奇数なら $\frac{n-1}{2}$ である. また, $P_n(x)$ の最高次の係数は $\frac{(2n)!}{2^n (n!)^2}$ となっている.

例題 7.3

非負整数 n に対するルジャンドル方程式 (7.2) の多項式解はルジャンドル多項式により表されることを示しなさい.

【解答】 例題 7.2 の解答における (7.5) を

$$c_m = \frac{(m+1)(m+2)}{(n+m+1)(m-n)}$$
$$\times \frac{(m+3)(m+4)}{(n+m+3)(m-n+2)}$$
$$\times \quad \cdots \quad \cdots \quad \cdots \quad \cdots$$
$$\times \frac{(m+2k-3)(m+2k-2)}{(n+m+2k-3)(m-n+2k-4)}$$
$$\times \frac{(m+2k-1)(m+2k)}{(n+m+2k-1)(m-n+2k-2)} c_{m+2k}$$

と書き換えてから $m = n - 2k$ とすると,

$$c_{n-2k} = \frac{(n-2k+1)(n-2k+2)}{(2n-2k+1)(-2k)}$$
$$\times \frac{(n-2k+3)(n-2k+4)}{(2n-2k+3)(-2k+2)}$$
$$\times \quad \cdots \quad \cdots$$
$$\times \frac{(n-3)(n-2)}{(2n-3)(-4)}$$
$$\times \frac{(n-1)n}{(2n-1)(-2)} c_n$$

であるが,

$$(n-2k+1)(n-2k+2)\cdots(n-1)n = \frac{n!}{(n-2k)!},$$

$$\frac{1}{(2n-2k+1)}\frac{1}{(n-2k+3)}\cdots\frac{1}{(2n-1)}$$

$$= \frac{(2n-2k)! \times (2n-2k+2)(2n-2k+4)\cdots(2n)}{(2n)!}$$

$$= \frac{(2n-2k)! \times 2^k (n-k+1)(n-k+2)\cdots n}{(2n)!}$$

$$= \frac{(2n-2k)! \times 2^k n!}{(2n)! (n-k)!},$$

$$\frac{1}{(-2k)}\frac{1}{(-2k+2)}\cdots\frac{1}{(-2)} = \frac{1}{(-2)^k k!}$$

に注意すれば,

$$c_{n-2k} = \frac{(n!)^2 (-1)^k (2n-2k)!}{(2n)! (n-k)! (n-2k)! k!} c_n$$

であるから, $c_n = \frac{(2n)!}{2^n (n!)^2}$ とすると,

$$c_{n-2k} = \frac{(-1)^k (2n-2k)!}{2^n k! (n-k)! (n-2k)!}$$

であり, これは表示 (7.6) に他ならない. □

例 ルジャンドル多項式を具体的に書き下すと,

$$P_0(x) = 1, \; P_1(x) = x, \; P_2(x) = \frac{1}{2}(3x^2 - 1), \; P_3(x) = \frac{1}{2}(5x^3 - 3x),$$

$$P_4(x) = \frac{1}{8}(35x^4 - 30x^2 + 3), \; P_5(x) = \frac{1}{8}(63x^5 - 70x^3 + 15x)$$

等である. □

例題 7.4

次のロドリゲスの公式 (Rodrigues formula) が成り立つことを示しなさい.

$$P_n(x) = \frac{1}{2^n \, n!} \frac{d^n}{dx^n} (x^2 - 1)^n. \tag{7.8}$$

【解答】

$$\frac{d^n}{dx^n}(x^2 - 1)^n = \frac{d^n}{dx^n} \sum_{k=0}^{n} \binom{n}{k} (-1)^k x^{2(n-k)}$$

$$= \sum_{k=0}^{\left[\frac{n}{2}\right]} \binom{n}{k} (2n - 2k)(2n - 2k - 1) \cdots (2n - 2k - n + 1) (-1)^k x^{n-2k}$$

$$= \sum_{k=0}^{\left[\frac{n}{2}\right]} \binom{n}{k} \frac{(-1)^k (2n - 2k)!}{(n - 2k)!} x^{n-2k}.$$

これと (7.7) とを比べれば (7.8) が得られる. □

例題 7.5

次の等式を示しなさい.

$$P_n(x) = \sum_{k=0}^{n} \frac{(-n)_k \, (1 + n)_k}{(k!)^2} \left(\frac{1 - x}{2}\right)^k. \tag{7.9}$$

【解答】

$$(x^2 - 1)^n = (x - 1)^n (1 + x)^n = 2^n (x - 1)^n \left(1 - \frac{1-x}{2} \right)^n$$

$$= 2^n (x - 1)^n \sum_{k=0}^{n} \binom{n}{k} \left(-\frac{1-x}{2} \right)^k$$

$$= 2^n (x - 1)^n \sum_{k=0}^{n} \frac{(-n)(-n+1)\cdots(-n+k-1)}{k!} \left(\frac{1-x}{2} \right)^k$$

$$= (-1)^n 2^n \sum_{k=0}^{n} \frac{(-n)_k}{k! \, 2^k} (1 - x)^{k+n}$$

より

$$\frac{d^n}{dx^n} (x^2 - 1)^n$$

$$= (-1)^n \frac{d^n}{dx^n} \sum_{k=0}^{n} \frac{(-n)_k}{k! \, 2^k} (1 - x)^{k+n}$$

$$= (-1)^n 2^n \sum_{k=0}^{n} \frac{(-n)_k}{k! \, 2^k} (-1)^n (k+n)(k+n-1)\cdots(k+1)(1-x)^k$$

$$= 2^n \sum_{k=0}^{n} \frac{(-n)_k (k+n)!}{(k!)^2 \, 2^k} (1 - x)^k$$

$$= 2^n \sum_{k=0}^{n} \frac{(-n)_k \, n! \, (1+n)_k}{(k!)^2} \left(\frac{1-x}{2} \right)^k$$

であるから,

$$\frac{1}{2^n \, n!} \frac{d^n}{dx^n} (x^2 - 1)^n = \sum_{k=0}^{n} \frac{(-n)_k \, (1+n)_k}{(k!)^2} \left(\frac{1-x}{2} \right)^k.$$

等式 (7.8) より (7.9) を得る. □

注意　(7.9) は，超幾何級数 (7.16) を用いると次のように表される.

$$P_n(x) = {}_2F_1 \left(\begin{array}{c} -n, n+1 \\ 1 \end{array} ; \frac{1-x}{2} \right).$$

問 ルジャンドル多項式が次の直交関係式をみたすことを示しなさい.

$$\int_{-1}^{1} P_m(x)P_n(x)\,dx = \begin{cases} 0, & m \neq n, \\[2mm] \dfrac{2}{2n+1}, & m = n. \end{cases}$$

7.3 超幾何方程式

次の方程式を**超幾何方程式**(hypergeometric equation)または**ガウスの微分方程式**(Gauss differential equation)という.

$$x(1-x)y'' + \{\gamma - (\alpha + \beta + 1)x\}y' - \alpha\beta y = 0 \qquad (7.10)$$

ここで, α, β, γ は定数である.

一般に, 微分方程式 (7.1) における通常点でない点を**特異点** (singularity) という. そして, 特異点 $x = a$ において, $p(x)$ が高々一位の極, $q(x)$ が高々二位の極であるとき, 点 $x = a$ は方程式 (7.1) の**確定特異点** (regular singularity), そうでないとき, 点 $x = a$ は方程式 (7.1) の**不確定特異点** (irregular singularity) であるという (極については 10.1 節参照).

また, 方程式の独立変数を $x = \xi^{-1}$ と変換したのちの方程式が $\xi = 0$ に特異点をもつとき, もとの方程式の無限遠点 $x = \infty$ が特異点をもつという (8.1.3 項参照). そして, $\xi = 0$ が確定特異点であるとき, もとの方程式の無限遠点 $x = \infty$ が確定特異点であるといい, $\xi = 0$ が不確定特異点であるとき, もとの方程式の無限遠点 $x = \infty$ が不確定特異点であるという.

例 ルジャンドル方程式 $(1 - x^2)y'' - 2xy' + n(n+1)y = 0$ は $x = 1, -1$ および $x = \infty$ を確定特異点にもつ. □

例 超幾何方程式 (7.10) は, $x = 0, 1$ および $x = \infty$ を確定特異点にもつ. □

┌─ **例題 7.6** ─────────────

ルジャンドル方程式 $(1 - x^2)y'' - 2xy' + n(n+1)y = 0$ の無限遠点 $x = \infty$ が確定特異点であることを確かめなさい.

【解答】　$(1-x^2)y'' - 2xy' + n(n+1)y = 0$ において $x = \frac{1}{\xi}$ とすると

$$(1-\xi^2)\xi^2 \frac{d^2 y}{d\xi^2} - 2\xi^3 \frac{dy}{d\xi} - n(n+1)y = 0$$

となり，$-\frac{2\xi^3}{(1-\xi^2)\xi^2}$ は $\xi = 0$ で正則，$-\frac{n(n+1)}{(1-\xi^2)\xi^2}$ は $\xi = 0$ で 2 位の極をもつので，ルジャンドル方程式の無限遠点 $x = \infty$ は確定特異点である．　　□

問　超幾何方程式の無限遠点 $x = \infty$ は確定特異点であることを確かめなさい．

　微分方程式 (7.1) において，通常点の近傍では，解析的な解があって，冪級数による解を求めることができた．確定特異点の近傍においても，冪級数をねじる（冪関数を掛ける）ことによって，全く同様な手続きが有効である．つまり，$x = a$ を方程式 (7.1) の確定特異点とするとき，λ を定数とした

$$y = (x-a)^\lambda \sum_{m \geq 0} c_m (x-a)^m \quad (c_0 \neq 0) \tag{7.11}$$

を方程式 (7.1) に代入し，$x-a$ の冪で整理し，$x-a$ の冪の係数を比較することで，λ に対する条件と c_m に関する漸化式を導くことができて，これにより，(7.11) の形の解を求めることができるのである．

── 例題 7.7 ──

　超幾何方程式 (7.10) の原点の近傍における

$$y = x^\lambda \sum_{m \geq 0} c_m x^m, \quad c_0 \neq 0$$

という形の解を求めなさい．ただし，$\gamma \notin \mathbb{Z}$ とする．

【解答】　$y = x^\lambda \sum_{m \geq 0} c_m x^m$ に対して，

$$x(1-x)y'' = xy'' - x^2 y''$$
$$= \sum_{m \geq 0} (\lambda + m)(\lambda + m - 1)c_m x^{\lambda + m - 1}$$
$$- \sum_{m \geq 0} (\lambda + m)(\lambda + m - 1)c_m x^{\lambda + m}$$

$$= \sum_{m \geq 0} (\lambda + m)(\lambda + m - 1)c_m x^{\lambda + m - 1}$$

$$- \sum_{m \geq 1} (\lambda + m - 1)(\lambda + m - 2)c_{m-1} x^{\lambda + m - 1},$$

$$\{\gamma - (\alpha + \beta + 1)x\}y' = \sum_{m \geq 0} \gamma(\lambda + m)c_m x^{\lambda + m - 1}$$

$$- (\alpha + \beta + 1) \sum_{m \geq 0} (\lambda + m)c_m x^{\lambda + m}$$

$$= \sum_{m \geq 0} \gamma(\lambda + m)c_m x^{\lambda + m - 1}$$

$$- (\alpha + \beta + 1) \sum_{m \geq 1} (\lambda + m - 1)c_{m-1} x^{\lambda + m - 1},$$

$$\alpha\beta y = \sum_{m \geq 0} \alpha\beta c_m x^{\lambda + m}$$

$$= \sum_{m \geq 1} \alpha\beta c_{m-1} x^{\lambda + m - 1}$$

であり, これらを方程式 (7.10) に代入して整理すると, $x^{\lambda-1}$, $x^{\lambda+m-1}$ $(m \geq 1)$ の係数が 0 となることから,

$$\{\lambda(\lambda - 1) + \gamma\lambda\}c_0 = 0,$$

$$(\lambda + m)(\lambda + m - 1)c_m - (\lambda + m - 1)(\lambda + m - 2)c_{m-1}$$

$$+ \gamma(\lambda + m)c_m - (\alpha + \beta + 1)(\lambda + m - 1)c_{m-1} - \alpha\beta c_{m-1} = 0.$$

つまり,

$$\lambda(\lambda - 1 + \gamma)\, c_0 = 0,$$

$$(\lambda + m)(\lambda + m - 1 + \gamma)c_m - (\lambda + \alpha + m - 1)(\lambda + \beta + m - 1)c_{m-1} = 0$$

を得るが, $c_0 \neq 0$ と第一の方程式より

$$\lambda(\lambda - 1 + \gamma) = 0 \tag{7.12}$$

という条件が得られ，その根は

$$\lambda = 0 \text{ または } \lambda = 1 - \gamma$$

であり，第二の関係式からは

$$c_m = \frac{(\lambda + \alpha + m - 1)(\lambda + \beta + m - 1)}{(\lambda + m)(\lambda + \gamma + m - 1)} c_{m-1}$$

$$= \frac{(\lambda + \alpha)_m}{(\lambda + 1)_m} \frac{(\lambda + \beta)_m}{(\lambda + \gamma)_m} c_0$$

が得られ，$\lambda = 0$ または $\lambda = 1 - \gamma$ それぞれの場合，

$$c_m = \frac{(\alpha)_m (\beta)_m}{m! \, (\gamma)_m} c_0 \quad \text{または} \quad c_m = \frac{(\alpha - \gamma + 1)_m (\beta - \gamma + 1)_m}{(2 - \gamma)_m \, m!} c_0$$

である．したがって，

$$\sum_{m=0}^{\infty} \frac{(\alpha)_m (\beta)_m}{(\gamma)_m \, m!} \, x^m \tag{7.13}$$

および

$$x^{1-\gamma} \sum_{m=0}^{\infty} \frac{(\alpha - \gamma + 1)_m (\beta - \gamma + 1)_m}{m! \, (2 - \gamma)_m} \, x^m \tag{7.14}$$

が求める解である．なお，級数 $\sum_{m=0}^{\infty} \frac{(\lambda+\alpha)_m}{(\lambda+1)_m} \frac{(\lambda+\beta)_m}{(\lambda+\gamma)_m} x^m$ の収束半径は 1（$\lambda + \alpha$ または $\lambda + \beta$ が非正の整数であるときは，無限和が有限項で切れて x の多項式となるので収束半径は無限大）である．　　　　□

　一般に，方程式 (7.1) の確定特異点 $x = a$ に対して，$p_0 = \lim_{x \to a}(x - a)p(x)$，$q_0 = \lim_{x \to a}(x - a)^2 q(x)$ とした

$$\lambda(\lambda - 1) + p_0 \, \lambda + q_0 = 0 \tag{7.15}$$

を，方程式 (7.1) の特異点 $x = a$ における**決定方程式**（indicial equation）といい，その根 λ を特異点 $x = a$ における**特性指数**（characteristic exponent）または簡単に**指数**（exponent）という．方程式 (7.12) が超幾何方程式の確定特異点 $x = 0$ における決定方程式である．

　また，級数

$$_2F_1\left(\begin{array}{c} \alpha,\ \beta \\ \gamma \end{array};x\right) = \sum_{k=0}^{\infty} \frac{(\alpha)_k(\beta)_k}{(\gamma)_k\,k!}\,x^k, \quad |x| < 1 \qquad (7.16)$$

を**超幾何級数**（hypergeometric series）という．$F(\alpha,\beta;\gamma;x)$ と書くことも
ある．

これを用いれば，(7.13) と (7.14) は，それぞれ，

$$_2F_1\left(\begin{array}{c} \alpha,\ \beta \\ \gamma \end{array};x\right), \quad x^{1-\gamma}\,{}_2F_1\left(\begin{array}{c} \alpha-\gamma+1,\ \beta-\gamma+1 \\ 2-\gamma \end{array};x\right)$$

と書き表すことができる．

なお，特性指数 0 に対応する解を**正則解**（holomorphic solution）というが，
これによれば，超幾何級数 (7.16) は超幾何方程式 (7.10) の原点における正則
解である．

注意 超幾何級数を複素変数の級数と把えて解析接続（9.6.3 項参照）すれば，収束半
径を越えたところでも意味をもつ．解析接続した結果得られる大域的な関数を**超幾何
関数**（hypergeometric function）という．

例 $\gamma-\alpha-\beta$ が整数でないとき，超幾何方程式の $x=1$ の近傍における解
の基本系として，

$$_2F_1\left(\begin{array}{c} \alpha,\ \beta \\ 1+\alpha+\beta-\gamma \end{array};1-x\right),$$

$$(1-x)^{\gamma-\alpha-\beta}\,{}_2F_1\left(\begin{array}{c} \gamma-\alpha,\ \gamma-\beta \\ 1+\gamma-\alpha-\beta \end{array};1-x\right)$$

がとれる． □

一般に，方程式 (7.1) が無限遠点 $x=\infty$ に確定特異点をもつとき，$p_\infty = \lim_{x\to\infty} xp(x), q_0 = \lim_{x\to\infty} x^2 q(x)$ とした

$$\lambda(\lambda+1) - p_\infty\lambda + q_\infty = 0$$

が，対応する決定方程式である．

例 $\alpha-\beta$ が整数でないとき，超幾何方程式の $x=\infty$ の近傍における解の
基本系として，

$$(-x)^\alpha {}_2F_1\left(\begin{array}{c} \alpha,\ 1+\alpha-\gamma \\ 1+\alpha-\beta \end{array} ;\ \frac{1}{x}\right),\quad (-x)^\beta {}_2F_1\left(\begin{array}{c} \beta,\ 1+\beta-\gamma \\ 1+\beta-\alpha \end{array} ;\ \frac{1}{x}\right)$$

がとれる.　　　　　　　　　　　　　　　　　　　　　　　　　□

例　ルジャンドル方程式 $(1-x^2)y'' - 2xy' + n(n+1)y = 0$ は超幾何方程式 $x(1-x)y'' + \{\gamma - (\alpha+\beta+1)x\}y' - \alpha\beta y = 0$ を書き直して得られる. 実際,

$$\alpha = n+1,\ \beta = -n,\ \gamma = 1,\ x = \frac{1-\xi}{2}$$

とおくと,

$$(1-\xi^2)\frac{d^2y}{d\xi^2} - 2\xi\frac{dy}{d\xi} + n(n+1)y = 0$$

である. また, これに対応して超幾何方程式の原点における正則解

$$_2F_1\left(\begin{array}{c} \alpha,\ \beta \\ \gamma \end{array} ;\ x\right)$$

を書き直した

$$_2F_1\left(\begin{array}{c} n+1,\ -n \\ 1 \end{array} ;\ \frac{1-x}{2}\right)$$

がルジャンドル方程式 $(1-x^2)y'' - 2xy' + n(n+1)y = 0$ の $x=1$ における正則解であるが, とくに n が非負整数のとき, ルジャンドル多項式を表している. n が整数であるかどうかによらず, この $x=1$ における正則解を**第 1 種ルジャンドル関数** (Legendre function of the first kind) といい, やはり, $P_n(x)$ と表されることが多い.　　　　　　　　　　　　　　　　　□

例　ルジャンドル方程式 $(1-x^2)y'' - 2xy' + n(n+1)y = 0$ を $x^2 = \xi^{-1}, y = x^{-n-1}z$ により書き換えると,

$$(1-\xi)\xi\frac{d^2z}{d\xi^2} + \left\{n + \frac{3}{2} - \left(n + \frac{5}{2}\right)\xi\right\}\frac{dz}{d\xi} - \left(\frac{n}{2} + \frac{1}{2}\right)\left(\frac{n}{2} + 1\right) = 0$$

となるが，これは超幾何方程式において $\alpha = \frac{n}{2} + \frac{1}{2}$, $\beta = \frac{n}{2} + 1$, $\gamma = n + \frac{3}{2}$ としたものに他ならないので，さきほどの議論から，原点 $\xi = 0$ における

$$_2F_1\left(\begin{array}{c} \frac{n}{2} + \frac{1}{2}, \ \frac{n}{2} + 1 \\ n + \frac{3}{2} \end{array} ; \xi \right)$$

なる正則解をもつことがわかり，したがって，もとのルジャンドル方程式の $x = \infty$ の近傍における解

$$x^{-n-1}\,_2F_1\left(\begin{array}{c} \frac{n}{2} + \frac{1}{2}, \ \frac{n}{2} + 1 \\ n + \frac{3}{2} \end{array} ; \frac{1}{x^2} \right)$$

が得られる．この解の定数倍を調整した

$$Q_n(x) = \frac{\sqrt{\pi}\,\Gamma(n+1)}{\Gamma(n+\frac{3}{2})(2x)^{n+1}}\,_2F_1\left(\begin{array}{c} \frac{n}{2} + \frac{1}{2}, \ \frac{n}{2} + 1 \\ n + \frac{3}{2} \end{array} ; \frac{1}{x^2} \right)$$

を**第2種ルジャンドル関数**（Legendre function of the second kind）という． n が非負整数のとき，$c_1 P_n(x) + c_2 Q_n(x)$ がルジャンドル方程式の一般解である． □

7.4 合流型超幾何微分方程式

次の方程式を**合流型超幾何微分方程式**（confluent hypergeometric differential equation）あるいは**クンマーの微分方程式**（Kummer differential equation）という．

$$xy'' + (\gamma - x)y' - \alpha y = 0.$$

ここで，α, γ は定数である．一個の確定特異点を原点にもち，一個の不確定特異点を無限遠点 ∞ にもつ．原点における特性指数は 0 と $1 - \gamma$ である．

$$_1F_1\left(\begin{array}{c} \alpha \\ \gamma \end{array} ; x \right) = \sum_{k=0}^{\infty} \frac{(\alpha)_k}{(\gamma)_k\,k!}\,x^k$$

とすると，$\gamma \notin \mathbb{Z}$ の場合，

$$y_1(x) = {}_1F_1\left(\begin{array}{c}\alpha \\ \gamma\end{array}; x\right), \quad y_2(x) = x^{1-\gamma}{}_1F_1\left(\begin{array}{c}1+\alpha-\gamma \\ 2-\gamma\end{array}; x\right)$$

が解の基本系となる. ${}_1F_1\left(\begin{array}{c}\alpha \\ \gamma\end{array}; x\right)$ を**合流型超幾何級数**（confluent hypergeometric series）という. 収束半径は無限大である.

注意　超幾何方程式 (7.10) において $x = \frac{\xi}{\beta}$ とすると

$$\xi\left(1 - \frac{\xi}{\beta}\right)\frac{d^2y}{d\xi^2} + \left(\gamma - \frac{1+\alpha+\beta}{\beta}\xi\right)\frac{dy}{d\xi} - \alpha y = 0$$

であり, 特異点 $0, 1, \infty$ が $0, \beta, \infty$ に移る. ここで $\beta \to \infty$ とすると（特異点 β を特異点 ∞ に合流させるという）, 方程式は

$$\xi\frac{d^2y}{d\xi^2} + (\gamma - \xi)\frac{dy}{d\xi} - \alpha y = 0$$

となる. また, 超幾何級数 (7.16) において $x = \frac{\xi}{\beta}$ とすると

$$\begin{aligned}
{}_2F_1\left(\begin{array}{c}\alpha, \beta \\ \gamma\end{array}; \frac{\xi}{\beta}\right) &= \sum_{k=0}^{\infty}\frac{(\alpha)_k(\beta)_k}{(\gamma)_k\,k!}\left(\frac{\xi}{\beta}\right)^k \\
&= \sum_{k=0}^{\infty}\frac{(\alpha)_k\xi^k}{(\gamma)_k\,k!}\left(1 + \frac{1}{\beta}\right)\left(1 + \frac{2}{\beta}\right)\cdots\left(1 + \frac{k-1}{\beta}\right)
\end{aligned}$$

であるから,

$$\lim_{\beta\to\infty}{}_2F_1\left(\begin{array}{c}\alpha, \beta \\ \gamma\end{array}; \frac{\xi}{\beta}\right) = \sum_{k=0}^{\infty}\frac{(\alpha)_k}{(\gamma)_k\,k!}\xi^k$$

となる. これらが, 「合流型」という修飾語の所以である.

例　次の方程式を**ラゲールの微分方程式**（Laguerre differential equation）という.

$$xy'' + (\alpha + 1 - x)y' + ny = 0.$$

ただし, α と n は定数である. 原点における特性指数は 0 と $-\alpha$ であり, $\alpha \notin \mathbb{Z}$ の場合,

$$
{}_1F_1\left(\begin{array}{c} -n \\ 1+\alpha \end{array}; x\right), \quad x^{-\alpha}\,{}_1F_1\left(\begin{array}{c} -n-\alpha \\ 1-\alpha \end{array}; x\right)
$$

が解の基本系を与える. このうちの正則解は, n が非負整数のときに, n 次の多項式になるが, 定数倍を調整した,

$$
L_n^\alpha(x) = \frac{(\alpha+1)_n}{n!}\,{}_1F_1\left(\begin{array}{c} -n \\ 1+\alpha \end{array}; x\right) = \sum_{k=0}^n \frac{\Gamma(n+\alpha+1)}{\Gamma(k+\alpha+1)}\frac{(-x)^k}{k!\,(n-k)!}
$$

を**ラゲール多項式**(Laguerre polynomial)という. 以下, $\alpha > -1$ とする.

具体的に書き下すと,

$$
L_0^\alpha(x) = 1, \; L_1^\alpha(x) = 1+\alpha-x,
$$
$$
L_2^\alpha(x) = \frac{1}{2}\Big\{(1+\alpha)(2+\alpha) - 2(2+\alpha)x + x^2\Big\}
$$

等であり, 次のロドリゲスの公式をみたす.

$$
L_n^\alpha(x) = e^x \frac{x^{-\alpha}}{n!} \frac{d^n}{dx^n}(e^{-x}x^{n+\alpha}), \quad n = 0,1,2,\ldots
$$

また, 次の直交関係をみたす.

$$
\int_0^\infty L_m^\alpha(x)L_n^\alpha(x)\,x^\alpha e^{-x}\,dx = \left\{ \begin{array}{ll} 0, & m \neq n, \\[2mm] \dfrac{\Gamma(n+\alpha+1)}{n!}, & m = n. \end{array} \right. \quad \square
$$

問 1 $u = e^{-\frac{x^2}{2}}x^{\alpha+\frac{1}{2}}L_n^\alpha(x^2)$ とすると,

$$
u'' + \left(4n+2\alpha+2-x^2+\frac{\frac{1}{4}-\alpha^2}{x^2}\right)u = 0
$$

をみたすことを示しなさい.

注意 $\alpha = 0$ の場合の $L_n^\alpha(x)$ を上付き添え字なしの $L_n(x)$ と書く. これが, もともとラゲールが考察した場合である. したがって, $L_n(x)$ を修飾語なしのラゲール多項式, $L_n^\alpha(x)$ を一般化されたラゲール多項式と呼ぶことがある.

例　次の方程式を**エルミートの微分方程式**（Hermite differential equation）という.

$$y'' - 2xy' + \nu y = 0.$$

ここで, ν は定数であるが, 非負整数 n に対して $\nu = 2n$ とするとき, エルミートの方程式は多項式解をもち,

$$H_n(x) = \sum_{k=0}^{\left[\frac{n}{2}\right]} \frac{(-1)^k n!}{k! (n - 2k)!} (2x)^{n-2k}$$

で与えられる. これを**エルミート多項式**（Hermite polynomial）という. ただし, ここで $\left[\frac{n}{2}\right]$ は $\frac{n}{2}$ を超えない最大の整数とする. 具体的にいくつか書き下すと,

$$H_0(x) = 1,\ H_1(x) = 2x,\ H_2(x) = 4x^2 - 2,\ H_3(x) = 8x^3 - 12x,$$

$$H_4(x) = 16x^4 - 48x^2 + 12$$

であり,

$$H_n(x) = (-1)^n e^{x^2} \frac{d^n}{dx^n} (e^{-x^2})$$

という**ロドリゲスの公式**をみたす. そして, 合流型超幾何級数を用いて

$$H_n(x) = \begin{cases} (-1)^{\frac{n}{2}} \dfrac{n!}{\left(\frac{n}{2}\right)!} \, {}_1F_1\left(\begin{array}{c} -\frac{n}{2} \\ \frac{1}{2} \end{array} ; x^2 \right), & n \text{ が偶数}, \\[3mm] 2\,(-1)^{\frac{n-1}{2}} \dfrac{n!}{\left(\frac{n-1}{2}\right)!} \, {}_1F_1\left(\begin{array}{c} \frac{1-n}{2} \\ \frac{3}{2} \end{array} ; x^2 \right), & n \text{ が奇数} \end{cases}$$

と表すことができる. また, 次の直交関係をみたす.

$$\int_{-\infty}^{\infty} H_m(x) H_n(x) e^{-x^2} \, dx = \begin{cases} 0, & m \neq n, \\ 2^n n! \sqrt{\pi}, & m = n. \end{cases}$$

問2 $u = e^{-\frac{x^2}{2}} H_n(x)$ とすると,

$$u'' + (2n + 1 - x^2)u = 0$$

をみたすことを示しなさい.

[例] 次の方程式をベッセルの微分方程式 (Bessel differential equation) と
いう.

$$x^2 y'' + xy' + (x^2 - \nu^2) y = 0.$$

ただし, ν の実部は非負とする. ベッセル方程式は原点を確定特異点にもち, 原
点における特性指数は ν と $-\nu$ である. 2ν が非負整数でなければ, c_1, c_2 を任
意定数として

$$c_1 J_\nu(x) + c_2 J_{-\nu}(x)$$

が一般解である. ここで,

$$J_\nu(x) = \sum_{k=0}^{\infty} \frac{(-1)^k}{k! \, \Gamma(\nu + k + 1)} \left(\frac{x}{2} \right)^{\nu + 2k}$$

は (第1種) ベッセル関数 (Bessel function) である. この関数も合流型超幾
何級数を用いて表すことができて,

$$J_\nu(x) = \frac{\left(\frac{x}{2} \right)^\nu}{\Gamma(\nu + 1)} \, e^{-ix} \, {}_1F_1 \left(\begin{array}{c} \nu + \frac{1}{2} \\ 2\nu + 1 \end{array} ; 2ix \right)$$

となることが知られている. ☐

7.1　ルジャンドル多項式が次の母関数表示をもつことを示しなさい.

$$\frac{1}{\sqrt{1 - 2xt + t^2}} = \sum_{n \geq 0} P_n(x)\, t^n \qquad (|2x - t^2| < 1).$$

7.2　ルジャンドル多項式が次の漸化式をみたすことを示しなさい.

$$(n + 1)P_{n+1}(x) - (2n + 1)xP_n(x) + nP_{n-1}(x) = 0, \quad n = 1, 2, \ldots,$$

$$P_1(x) = xP_0(x).$$

7.3　m, n を非負整数とする.

$$(1 - x^2)y'' - 2xy' + \left\{ n(n + 1) - \frac{m^2}{1 - x^2} \right\} y = 0$$

を陪ルジャンドル方程式 (associated Legendre equation) というが, ルジャンドル多項式 $P_n(x)$ を用いて

$$P_n^m(x) = (1 - x^2)^{\frac{m}{2}} \frac{d^m}{dx^m} P_n(x)$$

とした陪ルジャンドル関数 (associated Legendre function) が陪ルジャンドル方程式の解を与えることを示しなさい.

第8章

複素変数の初等関数

複素数を導入したのち，複素変数複素数値関数としての指数関数，対数関数，三角関数などを導入するが，これらは，実変数のものの自然な拡張になっている．

8.1 複 素 数

実数 x は $x^2 \geq 0$ をみたすから，方程式 $x^2 = -1$ は実数の範囲では解をもたない．そこで，このような方程式が解をもつように，数の範囲を拡げるため，複素数が導入される．

8.1.1 複 素 数

新しい数 i として，$i^2 = -1$ となるものを導入し，この i を**虚数単位**（imaginary unit）という．そして，$1 + 2i$ のように i と 2 つの実数 a, b を用いて $a + bi$ の形に表される数を考え，これを**複素数**（complex number）という．このとき，a を複素数 $c = a + bi$ の**実部**（real part），b を $c = a + bi$ の**虚部**（imaginary part）といい，それぞれを $\mathrm{Re}\,(c)$，$\mathrm{Im}\,(c)$ で表す．例えば，$\mathrm{Re}\,(-1 + \sqrt{3}\,i) = -1$，$\mathrm{Im}\,(-1 + \sqrt{3}\,i) = \sqrt{3}$ である．

複素数 $c = a + bi$ について，b と i の並べる順番は，bi と ib のどちらでもよく，a と bi の並べる順番も $a + bi$ と $bi + a$ のどちらでもよい．そして，c の虚部がゼロの場合の $a + 0i$ は簡単に a と表し，c の実部がゼロの場合の $0 + bi$ も簡単に bi と表し，$0 + 0i$ は 0 で，$0 + 1i$ は i で表す．つまり，i は普通の文字と同じように扱う．

ここで，$a + 0i$ を a と表すことからもわかるように，実数（real numbers）全体の集合 $\mathbb{R}$ は複素数（complex numbers）全体の集合 $\mathbb{C}$ の部分集合と考える．また，複素数 $a + bi$ が $a = 0$，$b \neq 0$ なるときの bi を**純虚数**（pure imaginary）という．

2 つの複素数 $a+bi$ と $c+di$ とが等しいとは，それぞれの実部と虚部が等しいこと，つまり，a, b, c, d を実数として，

$$a + bi = c + di \iff a = c,\ b = d$$

とする．

複素数の加減乗除は，いったん，i を普通の文字とみなして加減乗除を行い，i^2 が現れたら -1 と置き換えるものとする．したがって，実数 a, b, c, d を用いて定義される 2 つの複素数 $a+bi,\ c+di$ に対する加減乗除は次で与えられる．

$$(a+bi) + (c+di) = (a+c) + (b+d)\,i,$$

$$(a+bi) - (c+di) = (a-c) + (b-d)\,i,$$

$$(a+bi)(c+di) = (ac-bd) + (ad+bc)\,i,$$

$$\frac{a+bi}{c+di} = \frac{ac+bd}{c^2+d^2} + \frac{bc-ad}{c^2+d^2}\,i, \quad (c+di \neq 0).$$

このことから，任意の複素数 z_1, z_2, z_3, z に対して次が成り立つことがわかる．

$$z_1 + z_2 = z_2 + z_1, \quad z_1 z_2 = z_2 z_1, \tag{8.1}$$

$$(z_1 + z_2) + z_3 = z_1 + (z_2 + z_3), \quad (z_1 z_2) z_3 = z_1 (z_2 z_3), \tag{8.2}$$

$$z_1(z_2 + z_3) = z_1 z_2 + z_1 z_3, \tag{8.3}$$

$$0 + z = z, \quad 1\,z = z, \tag{8.4}$$

$$z + (-z) = 0, \quad z \cdot \frac{1}{z} = 1, \tag{8.5}$$

$$z_1 z_2 = 0 \iff z_1 = 0 \ \text{または} \ z_2 = 0. \tag{8.6}$$

ただし，$z = a+bi$ に対して $-z = (-a) + (-b)i$ であり，$z = a+bi \neq 0$ に対して

$$\frac{1}{z} = \frac{a}{a^2+b^2} - \frac{b}{a^2+b^2}\,i$$

である．

問 1 上の性質 (8.1)–(8.6) を確かめなさい.

複素数 $z = a + bi$ に対して, $\bar{z} = a - bi$ を z の**共役複素数** (complex number conjugate to z) という. 例えば, $z = 1 + i$ に対して $\bar{z} = 1 - i$ であり, $z = 3 + \sqrt{2}\,i$ に対して $\bar{z} = 3 - \sqrt{2}\,i$ である. 一般に, 次が成り立つ.

$$\overline{z_1 \pm z_2} = \overline{z_1} \pm \overline{z_2}, \quad \overline{z_1\,z_2} = \overline{z_1}\,\overline{z_2}, \quad \overline{\left(\frac{z_1}{z_2}\right)} = \frac{\overline{z_1}}{\overline{z_2}}.$$

複素数 $z = a + bi$ に対して, $|z| = \sqrt{a^2 + b^2}$ を z の**絶対値** (absolute value) または**大きさ** (modulus, magnitude) という. 例えば, $|1 + i| = |1 - i| = \sqrt{2}$ であり $|3 + \sqrt{2}\,i| = |3 - \sqrt{2}\,i| = \sqrt{11}$ である. また, $|z|^2 = z\bar{z}$ である.

複素数 z, w に対して, $|zw| = |z||w|$, $\left|\frac{z}{w}\right| = \frac{|z|}{|w|}$ $(w \neq 0)$, $|z| = |\bar{z}|$ であり, さらに

$$|\mathrm{Re}(z)| \leq |z| \quad \text{かつ} \quad |\mathrm{Im}(z)| \leq |z|, \tag{8.7}$$

$$|z + w| \leq |z| + |w| \quad (三角不等式), \tag{8.8}$$

$$|z + w| \geq ||z| - |w|| \tag{8.9}$$

が成り立つ.

例題 8.1

性質 (8.7)–(8.9) を確かめなさい.

【解答】 $|z|^2 = \mathrm{Re}(z)^2 + \mathrm{Im}(z)^2$ かつ $|z| \geq 0$ より (8.7) は明らかであり,

$$|z + w|^2 = (z + w)\overline{(z + w)} = |z|^2 + |w|^2 + (z\overline{w} + w\overline{z})$$

$$= |z|^2 + |w|^2 + 2\,\mathrm{Re}(z\overline{w}) \leq |z|^2 + |w|^2 + 2|z\overline{w}|$$

$$= |z|^2 + |w|^2 + 2|z||w| = (|z| + |w|)^2$$

かつ $|z + w| \geq 0$, $|z| + |w| \geq 0$ より (8.8) が導かれ, (8.8) を用いて得られる 2 つの不等式

$$|z| = |z + w - w| \leq |z + w| + |-w| = |z + w| + |w|,$$

$$|w| = |z + w - z| \leq |z + w| + |-z| = |z + w| + |z|,$$

すなわち

$$|z| - |w| \le |z + w|, \quad |w| - |z| \le |z + w|$$

より (8.9) が得られる. □

　上の (8.7)–(8.9) は複素数に関連した不等式であるが, 実際には, $\mathrm{Re}(z)$ や $|z|$ などの実数に対しての不等式であり, 2 つの複素数 z, w 自身に対する $z \le w$ のような不等式は無意味である. しかし, このことを逆手にとって, 複素数について議論されているとき「$w \ge 0$」と書いて「w は実数であり, かつ, 非負である」と読ませる言葉遣いがある. 本書ではこの言葉遣いを用いないが, このような言葉遣いがあることは知っておくとよいだろう.

問 2　次を示しなさい.
$$|z| \le |\mathrm{Re}(z)| + |\mathrm{Im}(z)| \le \sqrt{2}\,|z|, \quad z \in \mathbb{C}.$$

8.1.2　複 素 数 平 面

　複素数 $z = x + y\,i$ に対する実数の組 (x, y) と座標平面上の点 (x, y) とを対応させることにより, 複素数 z と座標平面上の点とが一対一に対応する. このように考えた座標平面のことを**複素数平面**もしくは**複素平面**（ともに complex plane の訳）, または**ガウス平面**（Gauss plane）, **アルガン図**（Argand diagram）などという. 複素数 z に対応する複素（数）平面上の点 P (x, y) を単に点 z ということがある. そして, x-軸上の点 $(x, 0)$ は $x + 0\,i = x$ すなわち実数を表し, 原点以外の y-軸上の点 $(0, y)$ は $0 + y\,i = y\,i$ すなわち純虚数を表すので, x-軸を**実軸**（real axis）, y-軸を**虚軸**（imaginary axis）という.

　また, 点 $z = x + y\,i$ と原点 O との距離 $\sqrt{x^2 + y^2}$ が複素数 z の大きさ $|z|$ に他ならないが, 原点 O と点 $z = x + y\,i$ とを結ぶ線分 $\overline{Oz}$ と実軸とのなす角度 θ を z の**偏角**（argument）といって $\arg(z) = \theta$ で表す. ここで, $\arg(z)$ は 2π の整数倍を加える任意性があり, とくに, $\arg(z)$ の値を $(-\pi, \pi]$ に制限したものを偏角の**主値**（principal value）といい, $\mathrm{Arg}(z)$ で表すことがある. ただし, そのときの都合によって, $\arg(z)$ の値の制限を $(-\pi, \pi]$ でなく, $[-\pi, \pi)$ や $[0, 2\pi)$ などとしたものを主値とする場合があるので注意が必要である. また, $z = 0$ の偏角については, 定義しないとする流儀と, 任意の値をとるとす

る流儀とがあるが，これについては，あまり気にする必要がないだろう．

複素数 $z \neq 0$ はその絶対値 $|z|$ と偏角 $\arg(z) = \theta$ により，$z = |z|(\cos\theta + i\sin\theta)$ と表示されるが，8.2.1 項で導入する複素変数の指数関数を用いれば，$\cos\theta + i\sin\theta$ は簡単に $e^{i\theta}$ と書くことができて，

$$z = |z|(\cos\theta + i\sin\theta) = |z|e^{i\theta} \tag{8.10}$$

である．表示 (8.10) を z の**極形式** (polar form) という．例えば，$1 - \sqrt{3}\,i = 2e^{\frac{i\pi}{3}}$，$1 + i = \sqrt{2}e^{\frac{i\pi}{4}}$ である．

一般に，2 つの複素数 $z_1 = r_1 e^{i\theta_1}$，$z_2 = r_2 e^{i\theta_2} \neq 0$ に対して，$z_1 z_2 = r_1 r_2\, e^{i(\theta_1 + \theta_2)}$，$\frac{z_1}{z_2} = \frac{r_1}{r_2}\, e^{i(\theta_1 - \theta_2)}$ である．

ところで，$z = re^{i\theta}$ とおくと，

$$
\begin{aligned}
z^n = 1 \quad &\Longleftrightarrow \quad r^n e^{in\theta} = 1 \\
&\Longleftrightarrow \quad r = 1 \quad \text{かつ} \quad \cos n\theta + i\sin n\theta = 1 \\
&\Longleftrightarrow \quad r = 1 \quad \text{かつ} \quad n\theta = 2k\pi \quad (k \in \mathbb{Z})
\end{aligned}
$$

であるから，方程式 $z^n = 1$ の解，すなわち，**1 の n 乗根** (the n th root of unity) は，

$$\cos\frac{2k\pi}{n} + i\sin\frac{2k\pi}{n} = e^{\frac{2k\pi i}{n}} \quad (k = 0, \ldots, n-1)$$

で与えられる．

例えば，

$$z^3 = 1 \quad \Longleftrightarrow \quad (z-1)(z^2 + z + 1) = 0$$

$$
\Longleftrightarrow
\begin{cases}
z = 1 & \text{または} \\[2mm]
z = \omega := e^{\frac{2\pi i}{3}} = \dfrac{-1 + i\sqrt{3}}{2} & \text{または} \\[2mm]
z = \omega^2 = e^{\frac{4\pi i}{3}} = \dfrac{-1 - i\sqrt{3}}{2}
\end{cases}
$$

である．

　1 の n 乗根を複素数平面上の点で表すと，原点を中心とする正 n 角形で 1 を頂点にもつものの各頂点に対応する．とくに，n が奇数の場合の実根は 1 だけ，n が偶数の場合の実根は ± 1 の 2 つである．

問 3　次を $re^{i\theta}$ の形に直しなさい．

(1)　i^3.　(2)　$1 - i$.　(3)　$\sqrt{2}\,(1 + i)$.　(4)　$\sqrt{3} - i$.　(5)　$2 - 2\sqrt{3}\,i$.

問 4　次の方程式のすべての解を求めなさい．

(1)　$z^4 + a^4 = 0$　$(a > 0)$.　(2)　$z^6 + a^6 = 0$　$(a > 0)$.

8.1.3　無 限 遠 点

　複素数平面に**無限遠点**（point at infinity）と称する 1 つの点 ∞ を付け加えて考えると何かと都合がよい．この無限遠点 ∞ は (1) 関数 $\varphi(z) = \frac{1}{z}$ による原点 $z = 0$ の像，(2) 原点からの距離がどのような有限値より大きい，(3) 複素数平面においてどの方向に向かって大きくなっても，例えば，実軸上を右に向かっても左に向かっても，虚軸上を上に行っても下に行っても，最終的には，この無限遠点に限りなく近づくという性質をもつ．ここで，無限遠点を表す記号に ∞ を用いるが，微分積分学における無限大 ∞ とは異なることに注意して欲しい．微分積分学における無限大 ∞ とは，いくらでも大きくなるという発散の形態を表すことに対して，関数論における無限遠点 ∞ は，複素数の大きさを限りなく大きくしたときに近づいてゆく 1 つの点である．$\mathbb{C} \cup \{\infty\}$ を**拡大された複素数平面**（extended complex plane）または**リーマン球面**（Riemann sphere）という．

注意　3 次元空間の直交座標を (x, y, h) として直径 1 の球面 $\Sigma : x^2 + y^2 + \left(h - \frac{1}{2}\right)^2 = \left(\frac{1}{2}\right)^2$ を考え，点 $(0, 0, 1)$ を北極 N と名付ける．xy-平面上の点 $z = (x', y', 0)$ と北極 N とを結ぶ線分を考えることによって，球面から北極を除いた $\Sigma \backslash \{N\}$ と xy-平面とを一対一に対応させる．そこで，xy-平面を複素数平面 $\mathbb{C}$ とみなせば，複素数平面 $\mathbb{C}$ は $\Sigma \backslash \{N\}$ と一対一に対応し，さらに，∞ を N と対応させれば，$\mathbb{C} \cup \{\infty\}$ と Σ とが対応する．このような球面の点と平面上の点との対応関係は**立体射影**（stereographic projection）といわれる．

8.2 複 素 関 数

　複素数全体 $\mathbb{C}$ の部分集合 A が与えられ，A の各点 $z \in A$ に対して複素数 $f(z)$ が一意に対応しているとき，A を定義域とする写像 f が定義されたといい，$f : A \to \mathbb{C}$ と書くが，このときの写像 f は，A を定義域とする**複素関数**（complex function）または**複素数値関数**（complex valued function）と呼ばれる．また，$f(A) = \{f(z) \mid z \in A\}$ を A の f による**像**（image）という．そして，さらに写像および関数の概念を拡張して，A の各点 $z \in A$ に対して複数（ただし，有限または可算無限）の複素数 $f(z)$ が対応しているとき，A を定義域とする**多価関数**（multivalued function）が定義されたという．例えば，0でない複素数 z に対して，その偏角を対応させる「偏角関数」$\arg : \mathbb{C} \backslash \{0\} \to \mathbb{C}$ は多価関数であるし，z を与えるたびに方程式 $w^2 = z$ の解 $w = f(z)$ を対応させる $f : \mathbb{C} \to \mathbb{C}$ も多価関数である．そして，行先（写像の像）の個数が有限か無限かに応じて有限多価関数もしくは無限多価関数といい，とくに，行先の個数が n 個の場合には，n **価関数**という．偏角関数 $\arg$ は無限多価関数，方程式 $w^2 = z$ の解 w を対応させる規則 f は 2 価関数である．また，通常の関数が行先 1 つの対応関係であるので，それを強調するために「関数」をわざわざ「**一価関数**」ということがある．なお，多価関数に関しては，8.2.4 項で導入する対数関数と 8.2.5 項で導入する冪関数が最も基本的なもの（というより，複素関数論においては，これらがすべてと考えてよい）であることをあらかじめ注意しておく．

　ところで，複素関数 f は

$$f = u + iv, \quad \text{ただし}, \quad u = \operatorname{Re}(f), \; v = \operatorname{Im}(f)$$

と表すことができるが，複素変数 $z = x + iy$ の関数を実 2 変数 (x, y) の関数とみなし，$f(z) = u(z) + iv(z)$ の代わりに $f(x, y) = u(x, y) + iv(x, y)$ と捉えることも有益である．例えば，$f(z) = z^2$ の場合，$f(z) = f(x, y) = x^2 - y^2 + 2ixy$ であるから，$u(x, y) = x^2 - y^2, v(x, y) = 2xy$ である．

　また，今後，$s + it$ のように，i と同時に現れる数や関数の組 (s, t) は，いちいち断ることなく，実数の組または実数値関数の組を表すものと約束する．

8.2.1 指 数 関 数

複素数 $z = x + iy$ を独立変数とする関数 e^z あるいは $\exp z$ を

$$e^z = \exp z = e^x(\cos y + i \sin y) \tag{8.11}$$

で定義し，複素変数の**指数関数**（exponential function）という．右辺に現れる e^x は高校以来なじみのある実数変数の指数関数である．$e^0 = 1$ と $|e^z| = e^x \neq 0$ がただちにわかるが，$x = 0$ とおき，y を θ と書き直したもの

$$e^{i\theta} = \cos\theta + i \sin\theta \tag{8.12}$$

を**オイラーの等式**（Euler formula）という．

z_1, z_2 を複素数として指数法則

$$e^{z_1} e^{z_2} = e^{z_1 + z_2} \tag{8.13}$$

が成り立ち，$(e^z)^{-1} = e^{-z}$ である．

一方，任意の整数 n に対して，$e^{2n\pi i} = 1$ であるから，任意の複素数 z に対して，$e^{z + 2n\pi i} = e^z e^{2n\pi i} = e^z$ である．このことを，指数関数は周期 $2n\pi i$ をもつという．一般に，$f(z + \omega) = f(z)$ が定義域内の任意の z に対して成り立つとき，ω を関数 f の周期（period）というが，指数関数 e^z の周期は $2n\pi i$ （$n \in \mathbb{Z}$）で与えられるものしかない．また，次が成り立つ．

$$e^z = 1 \quad \Longleftrightarrow \quad z = 2m\pi i, \quad m \in \mathbb{Z}, \tag{8.14}$$

$$e^z = -1 \quad \Longleftrightarrow \quad z = (2m+1)\pi i, \quad m \in \mathbb{Z} \tag{8.15}$$

問 1 指数法則 (8.13) が成り立つことを示しなさい．

問 2 (8.14) と (8.15) を示しなさい．

8.2.2 三 角 関 数

オイラーの等式 (8.12) より得られる実変数の余弦関数と正弦関数の表示

$$\cos\theta = \frac{e^{i\theta} + e^{-i\theta}}{2}, \quad \sin\theta = \frac{e^{i\theta} - e^{-i\theta}}{2i}$$

を一般化して，複素変数 z の**余弦関数**（cosine function）と**正弦関数**（sine function）を次の通りに定義する．

$$\cos z = \frac{e^{iz} + e^{-iz}}{2}, \qquad \sin z = \frac{e^{iz} - e^{-iz}}{2i}.$$

そして，他の**三角関数**（trigonometric functions）は

$$\cot z = \frac{\cos z}{\sin z}, \quad z \in \mathbb{C} \backslash \pi \mathbb{Z}, \qquad \tan z = \frac{\sin z}{\cos z}, \quad z \in \mathbb{C} \backslash \left(\frac{1}{2}\pi + \pi \mathbb{Z} \right),$$

$$\operatorname{cosec} z = \frac{1}{\sin z}, \quad z \in \mathbb{C} \backslash \pi \mathbb{Z}, \qquad \sec z = \frac{1}{\cos z}, \quad z \in \mathbb{C} \backslash \left(\frac{1}{2}\pi + \pi \mathbb{Z} \right)$$

により定義する．これより，実変数の三角関数と同様，加法公式などさまざまな等式が導かれる．また，

$$\cos z = 0 \quad \Longleftrightarrow \quad z = \frac{\pi}{2} + m\pi, \quad m \in \mathbb{Z}, \tag{8.16}$$

$$\sin z = 0 \quad \Longleftrightarrow \quad z = m\pi, \quad m \in \mathbb{Z} \tag{8.17}$$

が成り立つ．

しかし，その一方で，虚軸上での値をみれば

$$\cos(iy) = \frac{1}{2}(e^y + e^{-y}) \to \infty \quad (|y| \to +\infty),$$

$$i\sin(iy) = \frac{1}{2}(e^{-y} - e^y) \to \infty \quad (|y| \to +\infty)$$

となることから，余弦関数 $\cos z$ も正弦関数 $\sin z$ も，複素数平面においてはもはや有界ではない．実際，余弦関数も正弦関数も，その値域は複素数全体 $\mathbb{C}$ である．この点は，実数変数の場合と著しく異なる点で，注意が必要である．

問 3 (8.16) と (8.17) を示しなさい．

問 4 次の関係式を示しなさい．

(1) $\cos^2 z + \sin^2 z = 1, \quad 1 + \tan^2 z = \sec^2 z, \quad 1 + \cot^2 z = \operatorname{cosec}^2 z.$

(2) $\sin(z_1 + z_2) = \sin z_1 \cos z_2 + \cos z_1 \sin z_2,$

$\cos(z_1 + z_2) = \cos z_1 \cos z_2 - \sin z_1 \sin z_2,$

$\tan(z_1 + z_2) = \dfrac{\tan z_1 + \tan z_2}{1 - \tan z_1 \tan z_2}.$

(3) $\cos(-z) = \cos z, \quad \sin(-z) = -\sin z, \quad \tan(-z) = -\tan z.$

(4) $\cos(z + 2\pi) = \cos z, \quad \sin(z + 2\pi) = \sin z.$

8.2.3 双曲線関数

複素変数 z の**双曲線関数**（hyperbolic functions）は次の通りに定義する.

$$\cosh z = \frac{e^z + e^{-z}}{2}, \qquad \sinh z = \frac{e^z - e^{-z}}{2},$$

$$\tanh z = \frac{\sinh z}{\cosh z}, \qquad \coth z = \frac{\cosh z}{\sinh z},$$

$$\operatorname{sech} z = \frac{1}{\cosh z}, \qquad \operatorname{cosech} z = \frac{1}{\sinh z}.$$

このとき,

$$\cosh z = 0 \iff z = \frac{\pi}{2} i + m\pi i, \quad m \in \mathbb{Z},$$

$$\sinh z = 0 \iff z = m\pi i, \quad m \in \mathbb{Z}$$

が成り立つ.

問 5 次の関係式を示しなさい.

(1) $\cosh^2 z - \sinh^2 z = 1$, $\quad 1 - \tanh^2 z = \operatorname{sech}^2 z$, $\quad \coth^2 z - 1 = \operatorname{cosech}^2 z$.

(2) $\sinh(z_1 + z_2) = \sinh z_1 \cosh z_2 + \cosh z_1 \sinh z_2$,
$\cosh(z_1 + z_2) = \cosh z_1 \cosh z_2 + \sinh z_1 \sinh z_2$,
$\tanh(z_1 + z_2) = \dfrac{\tanh z_1 + \tanh z_2}{1 + \tanh z_1 \tanh z_2}$.

(3) $\cosh(-z) = \cosh z$, $\quad \sinh(-z) = -\sinh z$, $\quad \tanh(-z) = -\tanh z$.

(4) $\cosh(z + 2\pi i) = \cosh z$, $\quad \sinh(z + 2\pi i) = \sinh z$.

(5) $\sinh(iz) = i\sin z$, $\quad \cosh(iz) = \cos z$, $\quad \tanh(iz) = i\tan z$,
$\sin(iz) = i\sinh z$, $\quad \cos(iz) = \cosh z$, $\quad \tan(iz) = i\tanh z$.

(6) $|\cosh(x + iy)|^2 = \sinh^2 x + \cos^2 y$, $\quad |\sinh(x + iy)|^2 = \sinh^2 x + \sin^2 y$.

8.2.4 対 数 関 数

零でない複素数 z に対して $e^w = z$ をみたすような複素数 w を対応させる無限多価関数を $\log z$ とかき複素変数の**対数関数**（logarithm, logarithm function）という. ここで, $w = \varphi(z)$ が**多価関数**（multivalued function）とは, 1 つの z の値に対して決まる w が複数個あるような対応関係であり, その複数個が有限個であるものを有限多価関数, 無限個であるものを無限多価関数というのであった.

| 例 |　$\log(\exp z) = z + 2n\pi i \ (n \in \mathbb{Z})$.

証明　$e^w = \exp z$ となる w が $\log(\exp z)$ に他ならないが，$e^w = e^z$ つまり $e^{w-z} = 1$ より，n を整数として，$w - z = 2n\pi i$ つまり $w = z + 2n\pi i$.　□

| 例 |　$\exp(\log z) = z$.

証明　$e^w = z$ となる w が $\log z$ なのだから $e^{\log z} = z$.　□

さて，$w = u + iv$ および $z = r(\cos\theta + i\sin\theta),\ r > 0$ として，$e^w = z$ を書き換えると，

$$e^{u+iv} = e^u(\cos v + i\sin v) = r(\cos\theta + i\sin\theta)$$

より，

$$u = \log_e r = \log_e |z|,\ v = \theta + 2n\pi \ (n \in \mathbb{Z})$$

であるから，

$$\log z = \log_e |z| + i(\theta + 2n\pi) \quad (n \in \mathbb{Z}) \tag{8.18}$$

である．右辺に現れる $\log_e$ は，高校以来おなじみの実数変数の自然対数関数である（ので，$\log_高$ と書きたいところである）．底がネイピア（Napier）の数 e である実数変数の対数関数 $\log_e x$ を自然対数といい，ふつうは底 e を省略した $\log x$ で表す（$\ln x$ を好んで使う分野もある）が，その流儀で (8.18) を書くと

$$\log z = \log |z| + i(\theta + 2n\pi) \quad (n \in \mathbb{Z}) \tag{8.19}$$

である．しかし，間違いなく理解してもらうために，あえて，自然対数を $\log_e$ と記したのが (8.18) である．例えば，複素関数としての対数関数の 2 における値は

$$\log 2 = \log_e 2 + 2n\pi\, i \quad (n \in \mathbb{Z})$$

であり，このように書けば紛れが無いが，(8.19) のように書くと

$$\log 2 = \log 2 + 2n\pi\, i \quad (n \in \mathbb{Z})$$

となって，うっかりすると，両辺から $\log 2$ を消去してしまったりする．したがって，慣れないうちは，自然対数を $\log_e$ と書きつつ，自然対数の $\log$ と複素変数の $\log$ とを区別する力をつけていくのがよいだろう．本書では，これ以降，自然対数を $\log_e$ と書くことにする.

なお，z の偏角の 1 つを θ とすれば $\arg(z) = \theta + 2n\pi$ $(n \in \mathbb{Z})$ であるから，

$$\log z = \log_e |z| + i \arg(z)$$

と書けるし，$\arg(z)$ の値を $(-\pi, \pi]$ に制限したもの（偏角の主値）を $\mathrm{Arg}(z)$ で表すことにすれば，

$$\log z = \log_e |z| + i \arg(z)$$
$$= \log_e |z| + i \, \mathrm{Arg}(z) + 2\pi i n, \quad n \in \mathbb{Z}$$

とも書ける．また，対数関数 $\log z$ の主値を

$$\mathrm{Log} \, z = \log_e |z| + i \, \mathrm{Arg}(z)$$

と定義すれば，

$$\log z = \mathrm{Log} \, z + 2\pi i n, \quad n \in \mathbb{Z}$$

である.

一般に，多価関数 f の取り得る値に制限を加えて f を一価関数と捉えるとき，後者の f は前者の f の**枝**（branch）という．この言葉を遣えば，対数関数の主値 $\mathrm{Log} \, z$ は対数関数 $\log z$ の枝の 1 つである.

さて，対数関数は非常に重要な関数であるから，もう少し詳しくみてみよう.

いま，$\arg z$ のとる値を $-\pi + 2\pi m < \arg z \leq \pi + 2\pi m$ に制限したものを便宜的に $\log_{(m)} z$ と書くことにすると，それぞれの $\log_{(m)} z$, $m = 0, \pm 1, \pm 2, \ldots$ は複素数平面 $\mathbb{C}$ における一価関数であるが，逆に，複素数平面 $\mathbb{C}$ を無限個用意して，それぞれに $0, \pm 1, \pm 2, \ldots$ という番号を貼り付け $\mathbb{C}_{(m)}$ と書くことにして，$\mathbb{C}_{(m)}$ における $\arg z$ のとる値を $-\pi + 2\pi m < \arg z \leq \pi + 2\pi m$ とすれば，$\log z|_{\mathbb{C}_{(m)}} = \log_{(m)} z$ である（それぞれの $\log_{(m)} z$ が $\log z$ の枝）．これらの準備のあと，無限個ある $\mathbb{C}_{(m)}$ を次のようにして繋ぎ合わせる．まず，どの $\mathbb{C}_{(m)}$ も実軸の負の部分にハサミを入れる（細かいことを言えば，$-\pi + 2\pi m <$

$\arg z \le \pi + 2\pi m$ に対応して，実軸の負の部分そのものは実軸の上側に貼り付けておく）．そして，$\mathbb{C}_{(m)}$ における実軸の負の部分の上側と $\mathbb{C}_{(m+1)}$ における実軸の負の部分の下側をつなぐ．そうすれば，$\mathbb{C}_{(m)}$ の実軸の負の部分を，実軸の上側から実軸を通過すると，その瞬間に $\mathbb{C}_{(m+1)}$ に入りこむことになる．

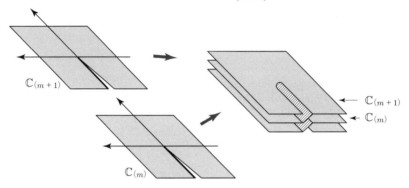

このようにして構成された新たな面 $\cup_{m \in \mathbb{Z}} \mathbb{C}_{(m)}$ は原点を除いて滑らかな曲面と考えられるが，この曲面を $\log z$ の定義域とすれば，$\log z$ は曲面 $\cup_{m \in \mathbb{Z}} \mathbb{C}_{(m)}$ における一価関数である．この曲面 $\cup_{m \in \mathbb{Z}} \mathbb{C}_{(m)}$ を対数関数 $\log z$ に対する**リーマン面**（Riemann surface）という．このように，複素数平面における多価関数 $\log z$ は，リーマン面 $\cup_{m \in \mathbb{Z}} \mathbb{C}_{(m)}$ における一価関数と捉えることができる．このことは，$\log z$ の定義域を複素数平面としていたために多価性（値の不定性）が生じたのであって，リーマン面という正しい定義域で考えれば，$\log z$ は正真正銘の一価関数であることを意味している．

例　(1)　$\log 1 = \log_e 1 + 2n\pi i = 2n\pi i, \quad n \in \mathbb{Z}$.

(2)　$\log (-1) = \log_e |-1| + \pi i + 2n\pi i = (2n+1)\pi i, \quad n \in \mathbb{Z}$.

(3)　$\log 2 = \log_e 2 + 2n\pi i, \quad n \in \mathbb{Z}$.

(4)　$\log i = \dfrac{1}{2}\pi i + 2n\pi i = \left(2n + \dfrac{1}{2}\right)\pi i, \quad n \in \mathbb{Z}$.

(5)　$\log e = 1 + 2n\pi i, \quad n \in \mathbb{Z}$.

(6)　a を正の実数とするとき，$\log a = \log_e a + 2n\pi i, \quad n \in \mathbb{Z}$. ■

問 6　次の値を求めなさい．

(1)　$\log (-i)$.　(2)　$\log (1+i)$.　(3)　$\log (1 + i\sqrt{3})$.

8.2.5 冪 関 数

零でない複素数 z の複素数 α に対する**冪関数**（power function）z^α を

$$z^\alpha = \exp\{\alpha \log z\} = e^{\alpha \log z} \tag{8.20}$$

と定義する．冪関数 z^α は実数関数の場合と同様に z の α 乗と呼ぶことがある．
冪関数 z^α の取り得る値は，

$$z^\alpha = \exp\{\alpha(\log_e|z| + i\operatorname{Arg} z + 2\pi i\,m)\}$$

$$= \exp\{\alpha \operatorname{Log} z\}\exp\{2\pi i\,\alpha\,m\}, \quad m = 0, \pm1, \pm2, \dots$$

であるので，α が整数でなければ多価関数となる．とくに，ある正整数 n により $\alpha = \frac{1}{n}$ であるときの $z^{\frac{1}{n}}$ は z の n 乗根である．また，$z^{\frac{1}{n}}$ を $\sqrt[n]{z}$ と書くことにすれば，$z = re^{i\theta}$ に対して，

$$\sqrt[n]{z} = \sqrt[n]{r}\left(\cos\frac{\theta + 2m\pi}{n} + i\sin\frac{\theta + 2m\pi}{n}\right), \quad m \in \mathbb{Z}$$

であり，この中での異なる値は，例えば，$m = 0, 1, \dots, n-1$ の場合の n 個である．記法についての注意として，z が正の実数のときの $\sqrt[n]{z}$ は，いままで通り z の n 乗根の中の正の値のものを示すものとする一方，一般の z についての $\sqrt[n]{z}$ は n 個の冪根のどれを表しているかを特定しないこととする（$\sqrt{-1} = \pm i$ としないで，$\sqrt{-1} = i$ とする慣習だけは例外事項と考える）．
なお，

$$z^\alpha z^{-\alpha} = e^{\alpha \log z} e^{-\alpha \log z} = e^{\alpha(\operatorname{Log} z + 2\pi i n_1)} e^{-\alpha(\operatorname{Log} z + 2\pi i n_2)}$$

$$= e^{2\pi i \alpha(n_1 - n_2)}$$

であるから，一般的には，$z^{-\alpha}$ と $\frac{1}{z^\alpha}$ とは等しくない．このように，実数の場合の冪に関する関係式が必ずしも成立しないので，注意が必要である．

注意 いま，ここだけの表記法として指数関数を $[[e^z]] = [[\exp z]]$ と書くと，(8.20) によれば，ネイピアの数 e の z 乗は $e^z = [[\exp\{z(\log e)\}]] = [[\exp\{z(\log_e e + 2n\pi i)\}]] = [[\exp\{z(1 + 2n\pi i)\}]] = [[\exp z]][[\exp(2nz\pi i)]] = [[e^z]][[e^{2nz\pi i}]]$ である．このことからわかるように，指数関数の z における値 $[[\exp z]] = [[e^z]]$ はネイピアの数 e の z 乗とは異なるものである．しかし，e^z という同じ記号で適宜それぞれを表すことが多い．

例　(1)　$\sqrt{i} = e^{\frac{\pi i}{4}}$ または $e^{\frac{5\pi i}{4}}$.

(2)　$\sqrt[4]{-1}$ の取り得る値は $e^{\frac{\pi i}{4}}, e^{\frac{3\pi i}{4}}, e^{\frac{5\pi i}{4}}, e^{\frac{7\pi i}{4}}$.

(3)　$(-1)^i = e^{-(2n+1)\pi}$, $n \in \mathbb{Z}$.

(4)　$i^i = \exp\left\{-\left(2n + \frac{1}{2}\right)\pi\right\}$, $n \in \mathbb{Z}$.

(5)　$1^i = e^{2n\pi}$, $n \in \mathbb{Z}$.

(6)　$\sqrt[3]{1-i}$ の取り得る値は $\sqrt[6]{2}e^{\frac{7\pi i}{4}}, \sqrt[6]{2}e^{\frac{15\pi i}{4}}, \sqrt[6]{2}e^{\frac{23\pi i}{4}}$.　□

問 7　次のとりうる値を求めなさい．(1)　$(1+i)^i$.　(2)　$i^{\sqrt{3}}$.　(3)　2^i.

問 8　$z^\alpha z^\beta = z^{\alpha+\beta}e^{2(m\alpha+n\beta)\pi i}$　$(m, n \in \mathbb{Z}, z \neq 0)$ を確かめなさい．

8.2.6　逆 三 角 関 数

余弦関数 $w = \cos z$ の逆関数 $w = \cos^{-1} z$ は

$$z = \cos w = \frac{e^{iw} + e^{-iw}}{2}$$

を書き直した

$$(e^{iw})^2 - 2ze^{iw} + 1 = 0$$

を解くと

$$e^{iw} = z \pm \sqrt{z^2 - 1}$$

であり，$iw = \log\left(z \pm \sqrt{z^2-1}\right)$ つまり $w = -i\log\left(z \pm \sqrt{z^2-1}\right)$ である
から，

$$\cos^{-1} z = -i\log\left(z \pm \sqrt{z^2 - 1}\right).$$

同様に

$$\sin^{-1} z = -i\log\left(iz \pm \sqrt{1 - z^2}\right), \quad \tan^{-1} z = \frac{1}{2i}\log\frac{1 + iz}{1 - iz}$$

である．これらは無限多価関数である．

8.1　方程式 $z^3 + 2z + 4 = 0$ の根はすべて単位円 $|z| = 1$ の外部にあることを示しなさい.

8.2　$|\alpha| < 1$, $|\beta| < 1$ ならば,

$$\left| \frac{\alpha - \beta}{1 - \bar{\alpha}\beta} \right| < 1$$

であることを示しなさい.

8.3　次を示しなさい.

(1)　$\sin(x + iy) = \sin x \cosh y + i \cos x \sinh y$.

(2)　$\cos(x + iy) = \cos x \cosh y - i \sin x \sinh y$.

(3)　$|\sin(x + iy)|^2 = \sin^2 x + \sinh^2 y$.

(4)　$|\cos(x + iy)|^2 = \cos^2 x + \sinh^2 y$.

8.4　$\sqrt{z}$ のリーマン面はどのようなものか考えなさい.

8.5　$\sin^{-1} 2$ を求めなさい.

第9章

正 則 関 数

正則関数は関数論の主役である．ある領域において微分可能な関数として定義されただけのものが，冪級数としての表示をもち，何度でも微分できて，単連結領域内の閉曲線上の積分がつねにゼロとなるなど，ふつうの実関数とは全く異なる様相を呈する．実関数の場合にはない，風通しのよさを味わっていただきたい．

9.1 複素微分と正則性

9.1.1 複 素 微 分

点 $z \in \mathbb{C}$ が点 $z_0 \in \mathbb{C}$ と異なる点をとりながら点 z_0 に限りなく近づくにつれて，複素数値関数 $f(z)$ の値が一定値 L に限りなく近づくとき，L を $f(z)$ の**極限値**（limit）といい，

$$\lim_{z \to z_0} f(z) = L$$

と書く．ここで，点 z が点 z_0 に限りなく近づくとは，2 点間の距離 $|z - z_0|$ が限りなく 0 に近づくこととする．したがって，

$$z \neq z_0 \quad \text{かつ} \quad |z - z_0| \to 0 \quad \text{のとき} \quad |f(z) - L| \to 0$$

とも表せる．

また，$z \to z_0$ のとき $|f(z)|$ の値が限りなく大きくなるとき，$f(z)$ は無限大に発散するといい，

$$\lim_{z \to z_0} f(z) = \infty$$

と書く（極限点が無限遠点 ∞ というつもりであるから，実数関数の場合のように ∞ の前に $\pm$ の記号を付けることはしない）．

点 z_0 において関数 $f(z)$ の値 $f(z_0)$ が確定して

$$\lim_{z \to z_0} f(z) = f(z_0)$$

となるとき，関数 $f(z)$ は点 z_0 において**連続**（continuous）であるという．さらに関数 $f(z)$ がある領域 $D \subset \mathbb{C}$ に属する任意の点 z において連続であるとき，関数 $f(z)$ は領域 D において連続であるという．

ここで，複素数平面の部分集合 U が点 z_0 の**近傍**（neighbourhood）であるとは，U が開集合であって，$z_0 \in U$ となることとする．そして，U が**開集合**（open set）であるとは，U の任意の点 p に対して，適当な $\varepsilon > 0$ を選ぶことによって，$U_\varepsilon(p) := \{ z \in \mathbb{C} \mid |z - p| < \varepsilon \} \subset U$ とできることをいう．この $U_\varepsilon(p)$ を，点 p の **ε-近傍**（ε-neighbourhood）という．

さらに，複素数平面における開集合 S が共通部分の無い 2 つの空でない開集合の和として表すことができないとき，S は**連結**（connected）であるといい，集合 $D \subset \mathbb{C}$ が開集合であってかつ連結であるとき，D は**領域**（domain）であるという．例えば，開円板 $\{ z \in \mathbb{C} \mid |z - z_0| < r \}$ や複素数平面全体は領域である．

また，集合 S の補集合 S^c が開集合であるとき，S は**閉集合**（closed set）という．例えば，閉円板 $\{ z \in \mathbb{C} \mid |z - z_0| \le r \}$ は閉集合である．閉集合 S は，S の集積点がすべて S 自身に含まれているものともいえるが，ここで，点 a が集合 S の**集積点**（cluster point）であるとは，任意の $\varepsilon > 0$ に対して $S \cap (U_\varepsilon(a) \backslash \{a\}) \ne \emptyset$ が成り立つことをいう．

一方，領域 D とその集積点を合わせたものを**閉領域**（closed region）$\overline{D}$ といい，$\overline{D}$ から D を除いたものが D の境界 ∂D である．ここで，集合 E の**境界**（boundary）∂E とは，E の境界点全体の集合であり，点 a が E の**境界点**（boundary point）とは点 a の任意の ε-近傍 $U_\varepsilon(a)$ が E の元もそうでない E^c の元も同時に含むような点のことである．

例 どんな $\varepsilon > 0$ に対しても $\delta > 0$ を十分小さくとれば $f(U_\delta(z_0)) \subset U_\varepsilon(f(z_0))$ が成り立つということが $\lim_{z \to z_0} f(z) = f(z_0)$ の精密な定式化である． □

例 $f(z) = u(z) + iv(z)$ とするとき，

$f(z)$ が点 z_0 で連続 $\iff$ $u(z)$ と $v(z)$ が点 z_0 で連続． □

領域 D における関数 $f(z)$ が点 $z_0 \in D$ において（複素）**微分可能**（differentiable）とは

$$f'(z_0) = \lim_{h \to 0} \frac{f(z_0 + h) - f(z_0)}{h}$$

が確定することである．関数 $f(z)$ が点 z_0 において微分可能であれば，$f(z)$ は点 z_0 において連続である．

例 $f(z) = z^2$ は複素数平面上の任意の点で微分可能である，実際，

$$\lim_{h \to 0} \frac{f(z+h) - f(z)}{h} = \lim_{h \to 0} \frac{(z+h)^2 - z^2}{h} = \lim_{h \to 0} (2z + h) = 2z$$

より，$f'(z) = 2z$ となる． □

問 1 $f(z) = z^n$ $(n \in \mathbb{Z}_{\geq 0})$ が複素数平面上の任意の点で微分可能であることを示しなさい．

例 $f(z) = \mathrm{Re}\,(z)$ は複素数平面上のいかなる点でも微分可能でない．

$$\frac{f(z+h) - f(z)}{h} = \frac{\mathrm{Re}\,(z+h) - \mathrm{Re}\,(z)}{h} = \frac{\mathrm{Re}\,(h)}{h}$$

は h が実数ならば 1 であるのに対し，h が純虚数ならば 0 となるからである． □

問 2 $f(z) = \overline{z}$ は複素数平面上のいかなる点でも微分可能でないことを示しなさい．

また，実関数に対する微分演算と同様，点 z_0 において微分可能である関数 $f(z), g(z)$ に対して，次が成り立つ．

(1) $(f + g)'(z) = f'(z) + g'(z)$,

(2) $(cf)'(z) = cf'(z)$, ただし $c \in \mathbb{C}$,

(3) $(f(z)g(z))' = f'(z)g(z) + f(z)g'(z)$,

(4) $\left(\dfrac{f(z)}{g(z)} \right)' = \dfrac{f'(z)g(z) - f(z)g'(z)}{g(z)^2}$, ただし $g(z) \neq 0$,

(5) $(g(f(z))' = g'(f(z))f'(z)$, ただし $g(w)$ は点 $f(z)$ で微分可能とする．

なお，実関数の場合と同じく，(5) を合成関数の微分法または連鎖律という．

9.1.2 正 則 関 数

複素数平面上の領域 D の各点で $f(z)$ が微分可能であるとき，関数 $f(z)$ は領域 D で**正則**（holomorphic）であるという．さらに，複素数平面全体 $\mathbb{C}$ で正則な関数 $f(z)$ を**整関数**（entire function）という．

> **例** 複素数係数の多項式 $p(z) = c_0 + c_1 z + \cdots + c_n z^n$ は整関数である． □

> **例** 多項式 $p(z)$, $q(z)$ により表示される有理関数 $\frac{p(z)}{q(z)}$ は複素数平面から $q(z)$ の零点を除いた領域において正則である． □

> **例** 関数 $f(z)$ が領域 D において正則であれば，$\exp(f(z))$ は D において正則であり，
>
> $$\bigl(\exp(f(z)) \bigr)' = f'(z) \exp(f(z))$$
>
> である． □

> **例** 関数 $f(z)$ が領域 D で正則，関数 g が $f(D) = \{\, f(z) \mid z \in D \,\}$ を含む領域で正則であるとき，合成関数 $g \circ f$ は領域 D で正則である． □

注意 混乱しやすい言葉遣いであるが，関数論の方言として，「点 $z = z_0$ を含むある近傍において $f(z)$ が正則」であるとき，「$f(z)$ が，点 $z = z_0$ において正則」ということがある．これは，字義通りの「点 $z = z_0$ において $f(z)$ が微分可能」であることとは異なる．さらに，この言葉遣いの延長として，「閉領域 R を含むある領域 D において $f(z)$ が正則」なときに「$f(z)$ は閉領域 R において正則」ということがある．

例題 9.1

実数値関数 $u(x,y), v(x,y)$ を用いて，$f(z) = u(x,y) + iv(x,y)$ と表されているとき，$f(z)$ が微分可能であれば，$u(x,y), v(x,y)$ は

$$u_x(x,y) = v_y(x,y), \quad u_y(x,y) = -v_x(x,y) \tag{9.1}$$

をみたす．このことを示しなさい．

【解答】 導関数の定義

$$f'(z) = \lim_{h \to 0} \frac{f(z+h) - f(z)}{h}$$

における h として，実数の場合と純虚数を考えると，それぞれ，

$$f'(z) = \lim_{\substack{h \to 0 \\ h \in \mathbb{R}}} \frac{u(x+h, y) + iv(x+h, y) - (u(x,y) + iv(x,y))}{h}$$

$$= \lim_{\substack{h \to 0 \\ h \in \mathbb{R}}} \left\{ \frac{u(x+h, y) - u(x,y)}{h} + i \frac{v(x+h, y) - v(x,y)}{h} \right\}$$

$$= u_x(x,y) + iv_x(x,y),$$

$$f'(z) = \lim_{\substack{h \to 0 \\ h = ik \\ k \in \mathbb{R}}} \frac{u(x, y+k) + iv(x, y+k) - (u(x,y) + iv(x,y))}{h}$$

$$= \lim_{\substack{k \to 0 \\ k \in \mathbb{R}}} \left\{ \frac{u(x, y+k) - u(x,y)}{ik} + \frac{v(x, y+k) - v(x,y)}{k} \right\}$$

$$= -iu_y + v_y$$

であり，それぞれの実部と虚部とを比較すると (9.1) が導かれる． $\square$

微分方程式系 (9.1) を**コーシー‐リーマンの関係式**（Cauchy-Riemann equations）あるいは**コーシー‐リーマンの微分方程式**（Cauchy-Riemann differential equations）という．

実は，実部 u と虚部 v が領域 D の各点で連続微分可能であり，かつ，コーシー‐リーマンの関係式をみたせば，$f(z) = u + iv$ が D において微分可能，つまり，D で正則である．

例 $(e^z)' = e^z$．実際, $f(z) = e^z = e^x(\cos y + i \sin y)$ は $u = e^x \cos y$, $v = e^x \sin y$ とすると，$u_x = e^x \cos y = v_y$, $u_y = -e^x \sin y = -v_x$ であり，これらは連続だから，$f(z)$ は複素数平面全体で正則．そして，

$$(e^z)' = \frac{d}{dz}e^z = \frac{\partial}{\partial x}\left(e^x(\cos y + i \sin y)\right) = e^x(\cos y + i \sin y) = e^z$$

である． $\square$

例 任意の複素数 a に対して $(e^{az})' = ae^{az}$. 実際, e^z も az も正則だから, その合成関数 e^{az} も正則. そして, 合成関数の微分法 (連鎖律) から, $(e^{az})' = e^{az}(az)' = ae^{az}$ である. □

例 $(\cos z)' = -\sin z$, $(\sin z)' = \cos z$, $(\tan z)' = \dfrac{1}{\cos^2 z}$. □

領域 D における正則関数 $w = f(z)$ が $f'(z_0) \neq 0$ $(z_0 \in D)$ のとき, $w_0 = f(z_0)$ の十分小さな ε-近傍 $U_\varepsilon(w_0)$ において逆関数 $z = f^{-1}(w) : U_\varepsilon(w_0) \to \mathbb{C}$ が存在して, かつ, $U_\varepsilon(w_0)$ において正則である. そして, その導関数は,

$$(f^{-1})'(w) = \frac{1}{f'(f^{-1}(w))}, \quad w \in U_\varepsilon(w_0)$$

で与えられる. このことを正則関数の**逆関数定理** (inverse function theorem) という.

例 対数関数の適当な一価の枝 $\log z$ に対して, $(\log z)' = \frac{1}{z}$. 実際, 正則関数 $w = f(z) = e^z$ に関して, $f'(z) = e^z$ は決して 0 にならないから, 複素数平面における任意の点 z_0 に対して, $w_0 = e^{z_0}$ の ε-近傍 $U_\varepsilon(w_0)$ を適当にとれば, $w = e^z$ の逆関数 $z = f^{-1}(w) = \log w : U_\varepsilon(w_0) \to \mathbb{C}$ が正則であって,

$$(f^{-1})'(w) = \frac{1}{f'(\log w)} = \frac{1}{\exp(\log w)} = \frac{1}{w}$$

となる. □

例 適当な一価の枝について $(z^\alpha)' = \alpha z^{\alpha-1}$ $(\alpha \in \mathbb{C})$. 実際, 冪関数 z^α の枝を考えることは, 対数関数の枝を考えることに帰着されるので,

$$(z^\alpha)' = (\exp(\alpha \log z))' = (\alpha \log z)' \exp(\alpha \log z)$$
$$= \alpha \frac{1}{z} \exp(\alpha \log z) = \alpha \frac{1}{z} z^\alpha = \alpha z^{\alpha-1}$$

である. □

領域 D で定義された正則関数 $f = u + iv$ の実部 u と虚部 v はコーシー–リーマンの関係式 $u_x = v_y$, $u_y = -v_x$ をみたすが, u, v が C^2-級であれば,

$$u_{xx} = (u_x)_x = (v_y)_x = v_{yx} = v_{xy} = (v_x)_y = (-u_y)_y = -u_{yy},$$

$$v_{xx} = (v_x)_x = (-u_y)_x = -u_{yx} = -u_{xy} = -(u_x)_y = -(v_y)_y = -v_{yy}$$

より,

$$u_{xx} + u_{yy} = 0, \quad v_{xx} + v_{yy} = 0.$$

つまり, u および v は D 上の調和関数である. このことから, 正則関数の実部と虚部になりうる関数は, かなり限られたものであるということがわかる.

9.2 複 素 積 分

9.2.1 実変数・複素数値関数の積分

複素関数論においては, 複素変数の複素数値関数の積分が主な考察対象であるが, その準備として, 実変数の複素数値関数の積分を考える.

実変数 t の連続な複素数値関数

$$w(t) = u(t) + i\,v(t) \quad (a \leq t \leq b)$$

の区間 $a \leq t \leq b$ における定積分を

$$\int_a^b w(t)\,dt = \int_a^b u(t)\,dt + i \int_a^b v(t)\,dt$$

で定義する.

例 $w(t) = e^{it}$ の $0 \leq t \leq \frac{\pi}{3}$ における積分は

$$\int_0^{\frac{\pi}{3}} e^{it}\,dt = \int_0^{\frac{\pi}{3}} \cos(t)\,dt + i \int_0^{\frac{\pi}{3}} \sin(t)\,dt = \frac{1}{2} + \frac{\sqrt{3}}{2}\,i\,. \qquad \square$$

9.2.2 複素数平面上の曲線

複素数平面上の曲線 C が, ある閉区間 $[a, b]$ 上の連続関数 $z(t) = x(t) + iy(t)$ により表されているとき, 点 $z(a)$ を C の始点, 点 $z(b)$ を C の終点, t を媒介変数, $z(t)$ を曲線 C の媒介変数表示という. そして, 自分自身と交わらない曲線を**単純曲線** (simple curve), 始点 $z(a)$ と終点 $z(b)$ とが一致する曲線を**閉じた曲線** (closed curve), 自分自身と交わらない閉じた曲線を**単純閉曲線** (simple closed curve) という. また, 連続微分可能な実数値関数 $x(t)$, $y(t)$ を用いて $z(t) = x(t) + i\,y(t)$, $(x'(t))^2 + (y'(t))^2 \neq 0$, $a \leq t \leq b$ と書けるものを**滑らかな曲線** (smooth curve) といい, 滑らかな曲線を有限個つなぎ合わせたもの

を区分的に滑らかな曲線（piecewise smooth curve）という．以下，曲線といえば区分的に滑らかなものとする．

　また，媒介変数表示された曲線 $C : z(t)$, $a \le t \le b$ の向きを逆にした曲線 $-C$ の媒介変数表示は $z(a + b - t)$, $a \le t \le b$ により与えられる．そして，特別な断りが無ければ，単純閉曲線 C の正の方向は，C の内部が左手になるよう進む方向とする．例えば，円周における反時計回りが正の方向である．

注意　進んだ数学的扱いでは，連続関数 $z : [a, b] \to \mathbb{C}$ そのものを曲線 C というが，その場合，関数の値全体の集合 $z([a, b])$ が，本書の意味での曲線である．

注意　3.1 節で実数空間および実関数に対して述べたことを複素数平面上の複素関数の場合にいいなおしたものにすぎないが，繰り返しを厭わず，説明した．次の複素積分も，3.2 節で学んだ実関数に対する線積分の概念を複素関数に適合するよう翻訳したものである．

9.2.3　曲線に沿う積分

　滑らかな曲線 $C : z(t)$, $a \le t \le b$ と，C において連続な複素数値関数 f が与えられているとき，

$$\int_C f(z)\, dz = \int_a^b f(z(t))\, z'(t)\, dt$$

を，関数 f の**曲線 C に沿う積分**（integral along C）あるいは**曲線 C 上の複素積分**（complex integral along C）という．

　より一般的に，滑らかな曲線 $C_1, \ldots, C_m$ をつなげた区分的に滑らかな曲線 $C = C_1 + \cdots + C_m$ の上の積分を，

$$\int_C f(z)\, dz = \sum_{j=1}^m \int_{C_j} f(z)\, dz$$

と定義する．

　例　始点を $z = a$，終点を $z = b$ とする線分に沿った積分 $\int_a^b z^n\, dz$（文脈によって，どのような曲線を通るかが明確な場合は，微積分学における記号のように端点だけを用いて表すこともある）の値は，線分を $z(t) = a + (b-a)t$, $0 \le t \le 1$

と表せば，$z'(t) = b - a$ だから，

$$\int_a^b z^n \, dz = \int_0^1 \Big(a + (b-a)t \Big)^n (b-a) \, dt$$

$$= \left[\frac{(a + (b-a)t)^{n+1}}{n+1} \right]_0^1 = \frac{b^{n+1} - a^{n+1}}{n+1} \, .\qquad \square$$

例　単位円周上の積分 $\int_{|z|=1} \frac{dz}{z}$ の値は，単位円を $z(\theta) = e^{i\theta}$ $(0 \leq \theta \leq 2\pi)$ と表せば，$z'(\theta) = ie^{i\theta} = iz(\theta)$ だから，

$$\int_{|z|=1} \frac{dz}{z} = i \int_0^{2\pi} d\theta = 2\pi i.\qquad \square$$

例題 9.2

n を整数とするとき，半径 $r > 0$ の円周 $|z - z_0| = r$ 上の積分について，次を示しなさい．

$$\int_{|z-z_0|=r} (z - z_0)^n \, dz = \begin{cases} 0, & n \neq -1, \\ 2\pi i, & n = -1. \end{cases}$$

【解答】　円周 $|z - z_0| = r$ を $z(\theta) = z_0 + re^{i\theta}$ $(0 \leq \theta \leq 2\pi)$ と表せば，$z'(\theta) = ire^{i\theta}$ であるので，

$$\int_{|z-z_0|=r} (z - z_0)^n \, dz = \int_0^{2\pi} (re^{i\theta})^n z'(\theta) \, d\theta = ir^{n+1} \int_0^{2\pi} e^{i(n+1)\theta} \, d\theta \, .$$

$n = -1$ の場合は

$$\int_{|z-z_0|=r} (z - z_0)^{-1} \, dz = i \int_0^{2\pi} d\theta = 2\pi i \, ,$$

$n \neq -1$ の場合は

$$\int_0^{2\pi} e^{i(n+1)\theta} \, d\theta = \int_0^{2\pi} (\cos(n+1)\theta + i\sin(n+1)\theta) \, d\theta$$

$$= \frac{1}{n+1} \Big[\sin(n+1)\theta - i\cos(n+1)\theta \Big]_0^{2\pi} = 0$$

であるので,

$$\int_{|z-z_0|=r} (z-z_0)^n \, dz = ir^{n+1} \int_0^{2\pi} e^{i(n+1)\theta} \, d\theta = 0 . \qquad \square$$

なお,曲線 C 上の積分の値は,媒介変数表示のとり方に依らないので,計算しやすい便利な媒介変数表示を選ぶことが実践的な取り組み方である.

実関数のときと同様,曲線 C 上で連続な関数 f, g に対して,次が成り立つ.

$$\int_C (\lambda f(z) + \mu g(z)) \, dz = \lambda \int_C f(z) \, dz + \mu \int_C g(z) \, dz \quad (\lambda, \mu \in \mathbb{C}).$$

$$\int_{-C} f(z) \, dz = - \int_C f(z) \, dz.$$

また,f を C における連続関数とするとき,

$$\left| \int_C f(z) \, dz \right| \le \int_C |f(z)| \, |dz|$$

が成り立つ.ここで,

$$\int_C |dz| = \int_a^b |z'(t)| \, dt = \int_a^b \sqrt{(x'(t))^2 + (y'(t))^2} \, dt$$

は曲線 C の長さであるから,とくに,C の上で $|f(z)| \le M$ であれば,

$$\left| \int_C f(z) \, dz \right| \le M \times (C \text{ の長さ}) \tag{9.2}$$

である.

例 $R > 1$ のとき,上半平面における半円周 $C_R : z(\theta) = Re^{i\theta}$ $(0 \le \theta \le \pi)$ に対して,

$$\left| \int_{C_R} \frac{1}{z^4 + 1} \, dz \right| \le \int_0^\pi \left| \frac{iR}{R^4 e^{4i\theta} + 1} \right| \, d\theta \le \frac{R\pi}{R^4 - 1} . \qquad \square$$

9.3 コーシーの積分定理

9.3.1 コーシーの積分定理

複素関数論において，最も有名，最も基本的な定理がコーシーの積分定理である．

定理（コーシーの積分定理（Cauchy's integral theorem）） 互いに交わらない有限個の単純閉曲線の和 $C = C_1 + C_2 + \cdots$ を境界にもつ有界な領域を D とする．D とその境界 $C = \partial D$ を含むある領域において正則な関数 f に対して次が成り立つ．

$$\int_C f(z)\,dz = 0. \tag{9.3}$$

ただし，C の向きは D を左手に見ながら前進する方向を正とする．

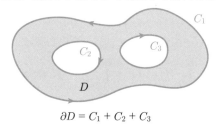

$$\partial D = C_1 + C_2 + C_3$$

注意 f に対する条件を強めて，もしも，f が正則であるだけでなくその導関数が ∂D を含む領域で連続であれば，コーシー-リーマンの関係式 (9.1) と 4.1 節で学んだグリーンの定理からコーシーの積分定理がすぐに導かれる．実際，$f = u(x, y) + i\,v(x, y)$，$z = x + iy$ とすると，グリーンの定理より，

$$\int_C f(z)\,dz = \int (u + i\,v)(dx + i\,dy) = \int_C (u\,dx - v\,dy) + i \int_C (v\,dx + u\,dy)$$
$$= -\iint_D \left(\frac{\partial u}{\partial y} + \frac{\partial v}{\partial x} \right) dxdy + i \iint_D \left(-\frac{\partial v}{\partial y} + \frac{\partial u}{\partial x} \right) dxdy$$

であり，最右辺はコーシー-リーマンの関係式 (9.1) からゼロになる．これに合わせて，領域 D における f の正則性の定義を，「f が D で微分可能かつ導関数 f' が連続」としてしまう流儀がある．なお，本書では紹介できないが，f の導関数の連続性を仮定

しない場合の証明は，グールサ（Goursat）によるものなどが知られていて，例えば，積分域が三角形であるときその分割列における積分の振る舞いを調べる.

例 円環 $D = \{z \in \mathbb{C} \mid r < |z| < R\}$ の境界は，反時計回りの円周 $|z| = R$ と時計回りの円周 $|z| = r$ の和であるから，関数 f が D を含む領域で正則のとき，コーシーの積分定理から

$$0 = \int_{\partial D} f(z)\,dz = \int_{|z|=R} f(z)\,dz - \int_{|z|=r} f(z)\,dz,$$

つまり

$$\int_{|z|=R} f(z)\,dz = \int_{|z|=r} f(z)\,dz$$

である. ただし，積分記号は反時計回りの積分である. ☐

例 単連結領域 D の中に点 c を中心とする半径 $\varepsilon > 0$ の閉円板 $\{z \in \mathbb{C} \mid |z - c| \le \varepsilon\}$ が含まれているとする. このとき，$D \backslash \{z \in \mathbb{C} \mid |z - c| \le \varepsilon\}$ の境界は反時計回りの ∂D と時計回りの円周 $C_\varepsilon = \{z \in \mathbb{C} \mid |z - c| = \varepsilon\}$ の和であるから，関数 f が $D \backslash \{z \in \mathbb{C} \mid |z - c| \le \varepsilon\}$ を含む領域で正則のとき，

$$\int_{\partial D} f(z)\,dz = \int_{|z-c|=\varepsilon} f(z)\,dz$$

が成り立つ. ただし，積分記号は，ともに反時計回りの積分である.

例 $f(z)$ が長方形 $R := \{z = x + iy \mid a \le x \le b,\ c \le y \le d\}$ を含む領域 D で正則，R の辺の上で頂点 $a + ic$ を出発して頂点 $b + ic$ を経て頂点 $b + id$ に至る道を C_1，同じく，R の辺の上で頂点 $a + ic$ を出発して頂点 $a + id$ を経て頂点 $b + id$ に至る道を C_2 とする. このとき，$\partial R = C_1 - C_2$ であるが，コーシーの積分定理から $\int_{\partial R} f(z)\,dz = 0$ であるから，$\int_{C_1} f(z)\,dz = \int_{C_2} f(z)\,dz$ である. 一般に，点 $a + ic$ を始点，点 $b + id$ を終点とする道のうち R に含まれ

る道 C に沿う積分の値 $\int_C f(z)\,dz$ はすべて等しい. そして, 領域 D が単連結であれば, $a + ic$ を始点, $b + id$ を終点とする道 C に沿う積分の値 $\int_C f(z)\,dz$ はすべて等しい.

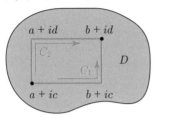　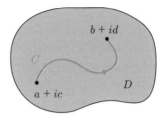

── 例題 9.3 ──

$R > 0$, $a > 0$ のとき, 4 点 $-R$, R, $R + ia$, $-R + ia$ を頂点とする長方形の周囲を C とする. 曲線 C 上の積分 $\int_C e^{-z^2}\,dz$ を用いることにより, 積分

$$\int_{-\infty}^{\infty} e^{-(x+ia)^2}\,dx \tag{9.4}$$

の値は a のとり方に依らないことを示しなさい. また, このことから,

$$\int_0^{\infty} e^{-x^2}\cos(2ax)\,dx = \frac{\sqrt{\pi}}{2}e^{-a^2}$$

を導きなさい. ただし, $\int_0^{\infty} e^{-x^2}\,dx = \frac{\sqrt{\pi}}{2}$ は既知とする.

【解答】 $f(z) = e^{-z^2}$ は整関数であるからコーシーの積分定理より $\int_C e^{-z^2}\,dz = 0$ である. その一方で,

$$\int_C e^{-z^2}\,dz = \int_{-R}^{R} e^{-x^2}\,dx + \int_0^{a} e^{-(R+it)^2}\,i\,dt$$
$$+ \int_R^{-R} e^{-(x+ia)^2}\,dx + \int_a^{0} e^{-(-R+it)^2}\,i\,dt$$

が成り立ち, 右辺の第 2 項と第 4 項について,

$$\left| \int_0^{a} e^{-(\pm R+it)^2}\,i\,dt \right| = e^{-R^2}\int_0^{a} e^{t^2}\,dt \le ae^{-R^2+a^2} \to 0 \quad (R \to \infty)$$

であるから, 結局,

$$\int_{-\infty}^{\infty} e^{-(x+ia)^2}\, dx = \int_{-\infty}^{\infty} e^{-x^2}\, dx\, (=\sqrt{\pi}) \qquad (9.5)$$

となり，(9.4) が a に依らないことがわかる．また，

$$\int_{-\infty}^{\infty} e^{-(x+ia)^2}\, dx = e^{a^2} \int_{-\infty}^{\infty} e^{-x^2} (\cos(2ax) - i\sin(2ax))\, dx$$

であるから，(9.5) の実部を比較して

$$2e^{a^2} \int_{-\infty}^{\infty} e^{-x^2} \cos(2ax)\, dx = \sqrt{\pi}$$

を得る． □

注意 (9.5) を（$2a = s$ として）書き換えると，

$$\int_{-\infty}^{\infty} e^{-x^2 - sxi}\, dx = \sqrt{\pi} e^{-\frac{s^2}{4}}$$

であるが，これは $f(x)$ のフーリエ変換（Fourier transform）を $\widehat{f}(s) = \int_{-\infty}^{\infty} f(x) \times e^{-sxi}\, dx$ とするとき，e^{-x^2} のフーリエ変換が $\sqrt{\pi} e^{-\frac{s^2}{4}}$ であることを示している．

問 $R > 0$ のとき，O を原点としたとき，O, R, $R + Ri$ の 3 点を結ぶ三角形の周囲を C とする．曲線 C 上の積分 $\int_C e^{-z^2}\, dz$ を用いることにより，**フレネル積分**（Fresnel integrals）

$$\int_0^{\infty} \cos(x^2)\, dx = \int_0^{\infty} \sin(x^2)\, dx = \sqrt{\frac{\pi}{8}}$$

を示しなさい．ただし，$\int_0^{\infty} e^{-x^2}\, dx = \frac{\sqrt{\pi}}{2}$ は既知とする．

9.3.2　不定積分と原始関数

領域 D における任意の単純閉曲線について，単純閉曲線の内部がすべて D に属すとき，領域 D は**単連結**（simply connected）であるという．直観的に言えば，D が単連結であるとは，D に穴が開いていない状況をいう（例題 4.3 の直前の図参照）．

単連結な領域 D において正則な関数 $f(z)$ に対して，始点 z_0 と終点 z をもつ曲線 C に沿った積分は，曲線 C に依存しないので，$F(z) = \int_{z_0}^z f(\zeta)\, d\zeta$ と書くことができる．これを $f(z)$ の**不定積分**（indefinite integral）というが，$F(z)$ は D で正則関数であり，$F'(z) = f(z)$ をみたす．

一方，領域 D における連続関数 f に対して $G' = f$ をみたす（一価）正則関数 G を f の**原始関数**（primitive function）という．したがって，$f(z)$ の不定積分 $F(z)$ は $f(z)$ の原始関数の 1 つであり，

$$\int_a^b f(z)\,dz = F(b) - F(a)$$

である．

> **例**　$\dfrac{d}{dz}\left(\dfrac{z^{n+1}}{n+1}\right) = z^n$ であるから，$\displaystyle\int_a^b z^n\,dz = \dfrac{b^{n+1} - a^{n+1}}{n+1}.$ □

> **例**　複素数平面から実軸の非正部分を除いた領域を D とし，$-\pi < \arg(z) < \pi$ となる $\log z$ の一価な枝 $\mathrm{Log}\,z$ を選ぶ．このとき，D における，始点を 1，終点を $z = re^{i\theta}$ とする曲線 C に対して，

$$\mathrm{Log}\,z = \int_C \frac{dt}{t} = \left(\int_1^r + \int_r^{re^{i\theta}}\right)\frac{dt}{t} = \int_1^r \frac{dt}{t} + i\theta = \log_e r + i\theta$$

である．また，逆に，複素数平面から原点を除いた領域 $\mathbb{C}\backslash\{0\}$ における，始点を 1，終点を z とする曲線 $\gamma(z)$ に対する積分

$$\int_{\gamma(z)} \frac{dt}{t}$$

を，今度は，原点の周りを何度も回ってよいことにして考えると，これは一般の $\log z$ の積分表示になっている．いい換えれば，これを $\log z$ の定義としてもよい．このことからわかるように，$\log z$ の正しい「変数」は z ではなく $\gamma(z)$ という曲線であると考えられる（リーマン面上の点を考えることと $\gamma(z)$ を考えることが旨く対応している）．□

9.4　コーシーの積分公式

9.4.1　コーシーの積分公式

f が領域 D で正則であり，C は D 内の単純閉曲線で C の内部も D に含まれているとする．このとき，閉曲線 C の内部の任意の点 z に対して，

$$f(z) = \frac{1}{2\pi i} \int_C \frac{f(\zeta)}{\zeta - z}\, d\zeta. \tag{9.6}$$

ただし，C は正の向きとする．これを，**コーシーの積分公式**（Cauchy's integral formula）という．

例題 9.4

　コーシーの積分公式 (9.6) をコーシーの積分定理から導きなさい．

【解答】　C の内部に含まれる十分小さな $\varepsilon > 0$ に対する円周 $\{\zeta \in \mathbb{C} \mid |\zeta - z| = \varepsilon\}$ を考えると，コーシーの積分定理より

$$\int_C \frac{f(\zeta)}{\zeta - z}\, d\zeta = \int_{|\zeta - z| = \varepsilon} \frac{f(\zeta)}{\zeta - z}\, d\zeta$$

であるが，これに

$$\int_{|\zeta - z| = \varepsilon} \frac{f(z)}{\zeta - z}\, d\zeta = f(z) \int_{|\zeta - z| = \varepsilon} \frac{1}{\zeta - z}\, d\zeta = 2\pi i f(z)$$

を考え併せると，

$$\left| \frac{1}{2\pi i} \int_C \frac{f(\zeta)}{\zeta - z}\, d\zeta - f(z) \right| = \left| \frac{1}{2\pi i} \int_{|\zeta - z| = \varepsilon} \frac{f(\zeta) - f(z)}{\zeta - z}\, d\zeta \right|$$

$$\leq \left| \frac{1}{2\pi i} \int_0^{2\pi} \frac{f(z + \varepsilon e^{i\theta}) - f(z)}{\varepsilon e^{i\theta}} i\varepsilon e^{i\theta} d\theta \right|$$

$$\leq \max_{0 \leq \theta \leq 2\pi} |f(z + \varepsilon e^{i\theta}) - f(z)|$$

となる．ところが，f は z において（正則ゆえ）連続であるから

$$\max_{0 \leq \theta \leq 2\pi} |f(z + \varepsilon e^{i\theta}) - f(z)| \to 0 \quad (\varepsilon \to 0)$$

であり，しかも，最左辺は ε に依らないのだから，最左辺はゼロである．　　□

9.4.2　高 次 導 関 数

　f が領域 D で正則であり，C は D 内の単純閉曲線で C の内部も D に含まれているとする．このとき，閉曲線 C の内部の任意の点 z に対して，f の導関数 f' は

$$f'(z) = \frac{1}{2\pi i} \int_C \frac{f(\zeta)}{(\zeta - z)^2} \, d\zeta \tag{9.7}$$

で与えられ，しかも，D において正則であることがわかるが，実は，一般に，f は D において何回でも微分可能で，f の n 次導関数 $f^{(n)}$ は

$$f^{(n)}(z) = \frac{n!}{2\pi i} \int_C \frac{f(\zeta)}{(\zeta - z)^{n+1}} \, d\zeta \tag{9.8}$$

で与えられる D における正則関数である．

　このように，領域 D で（一回でも）微分可能な f は，何回でも微分可能となることがわかる．これは，正則関数の極めて重要な性質である．

─── 例題 9.5 ───

　コーシーの積分公式 (9.6) を用いて (9.7) を導きなさい．

【解答】　点 z を中心とする（十分小さな半径 ε の）円板 $D_\varepsilon(z)$ を C に含まれるようにとり，$z+h$ をその円板内の点，円板 $D_\varepsilon(z)$ と曲線 C との最短距離を $d\,(>0)$ とする．このとき，ζ が C の上の点であれば，

$$|\zeta - z - h| \geq d, \quad |\zeta - z| \geq d$$

であるから，M を C における $|f(z)|$ の最大値，L を C の長さとして，

$$
\begin{aligned}
&\left| \frac{f(z+h) - f(z)}{h} - \frac{1}{2\pi i} \int_C \frac{f(\zeta)}{(\zeta - z)^2} \, d\zeta \right| \\
&= \left| \frac{1}{2\pi i} \int_C \left\{ \frac{f(\zeta)}{h} \left(\frac{1}{\zeta - z - h} - \frac{1}{\zeta - z} \right) - \frac{f(\zeta)}{(\zeta - z)^2} \right\} d\zeta \right| \\
&= \left| \frac{1}{2\pi i} \int_C f(\zeta) \left(\frac{1}{(\zeta - h - z)(\zeta - z)} - \frac{1}{(\zeta - z)^2} \right) d\zeta \right| \\
&= \left| \frac{1}{2\pi i} \int_C \frac{f(\zeta)\, h}{(\zeta - h - z)(\zeta - z)^2} \, d\zeta \right| \\
&\leq \frac{|h|}{2\pi} \int_C \frac{M}{d^3} |\, d\zeta\,| = \frac{|h|}{2\pi} \frac{ML}{d^3}
\end{aligned}
$$

となり，(9.7) が示された．　　　　　　　　　　　　　□

問　例題 9.5 と同様にして

$$f^{(2)}(z) = \frac{2!}{2\pi i} \int_C \frac{f(\zeta)}{(\zeta - z)^3} \, d\zeta.$$

さらには，一般に，(9.8) を導きなさい.

注意　領域 D で正則な関数 f が n 次導関数 $f^{(n)}$ をもつことについては，正則関数がテイラー展開による表示をもつということからも自然に導かれる（9.5.2 項参照）.

注意　本書で採用しなかった正則関数の定義として，「領域 D の各点で f が微分可能であり，さらに導関数 f' が D で連続である」とする流儀があることは 9.3.1 項にて既に述べた. しかし，導関数 f' が連続であるという仮定をしなくても，f が微分可能なら 2 階導関数 f'' が存在し，2 階導関数が存在するなら 1 階導関数が連続でなければならないのであるから，結局は，「導関数が連続」という条件は不要となるのである.

　例　単連結領域 D における連続関数 $f(z)$ が，D 内のいかなる閉曲線 C に沿っても $\int_C f(z)\,dz = 0$ ならば，$f(z)$ は D において正則である. なぜなら，$f(z)$ の不定積分 $F(z) = \int_{z_0}^{z} f(\zeta)\,d\zeta$ に対して $F'(z) = f(z)$ だから $F(z)$ は正則であることがいえ，そして，$F(z)$ が正則ならその導関数 $F'(z)$ も正則ゆえ，$f(z)$ が D で正則となることがいえる. これを**モレラの定理**（Morera's Theorem）という.　　　　　　　　　　　　　　　　　　　　　　　　　　　□

　ところで，f が正則なら $f'(z) = u_x + i\,v_x = v_y - i\,u_y$, $f''(z) = u_{xx} + i\,v_{xx} = v_{yx} - i\,u_{yx}, \dots$ であるから，$f(z) = u(x,y) + i\,v(x,y)$ の実部 $u(x,y)$ と虚部 $v(x,y)$ は実 2 変数関数として C^∞-級である.

9.4.3　コーシーの積分公式から導かれる諸定理

　コーシーの積分公式を用いると，次のような定理が次々と得られることが知られている.

リウヴィルの定理（Liouville's theorem）：有界な整関数は定数である.

代数学の基本定理（fundamental theorem of algebra）：定数でない複素数係数の多項式 $p(z)$ は，必ず，$p(\zeta) = 0$ なる $\zeta \in \mathbb{C}$ をもつ.

平均値の定理（mean value theorem）：f が $|z - z_0| \leq r$ を含む領域で正則ならば

$$f(z_0) = \frac{1}{2\pi} \int_0^{2\pi} f(z_0 + re^{i\theta}) \, d\theta$$

である.

極大絶対値の定理 (local maximum modulus theorem)：領域 D で正則な関数 $f(z)$ は定数でない限り，領域 D の内点 z_0 で絶対値 $|f(z)|$ の極大値をとらない. したがって，$f(z)$ が閉領域 $\overline{D}$ において連続であれば，D の境界 ∂D の 1 点 z_0 において $\overline{D}$ における最大値 M をとる.

コーシーの不等式 (Cauchy's estimate)：f が $|z - z_0| \leq r$ を含む領域で正則で，$f(z) \leq M$ ならば，不等式

$$f^{(n)}(z_0) \leq \frac{n!M}{r^n}$$

をみたす.

─── 例題 9.6 ───

コーシーの積分公式からリウヴィルの定理を導きなさい.

【解答】 $z \in \mathbb{C}$ を任意に固定してから，$2|z| < R$ なる R を考える. このとき，コーシーの積分公式から

$$f(z) = \frac{1}{2\pi i} \int_{|\zeta|=R} \frac{f(\zeta)}{\zeta - z} \, d\zeta, \quad f(0) = \frac{1}{2\pi i} \int_{|\zeta|=R} \frac{f(\zeta)}{\zeta} \, d\zeta$$

であるから，$\zeta = Re^{i\theta}$ として，

$$f(z) - f(0) = \frac{z}{2\pi i} \int_{|\zeta|=R} \frac{f(\zeta)}{\zeta(\zeta - z)} \, d\zeta = \frac{z}{2\pi} \int_0^{2\pi} \frac{f(Re^{i\theta})}{Re^{i\theta} - z} \, d\theta.$$

ところが，$|Re^{i\theta} - z| \geq R - |z| \geq \frac{R}{2}$ であるから，$|f(\zeta)| \leq M \ (\zeta \in \mathbb{C})$ とすると，

$$|f(z) - f(0)| < \frac{|z|}{2\pi} \frac{2M}{R} 2\pi = \frac{2M|z|}{R}$$

であり，ここで R をいくら大きくしてもよいのだから，$f(z) = f(0)$ でなければいけない. z は任意であったので，結局，f は定数関数である. $\qquad \square$

9.5 テイラー展開

9.5.1 冪 級 数

複素数 a_n からなる数列 $\{a_n\}$ を複素数列という．$\lim_{n\to\infty}|a_n - a| = 0$ なる
とき複素数列 $\{a_n\}$ が複素数 a に収束すると定義し，実数列の場合と同様に，
$\lim_{n\to\infty} a_n = a$ や，もっと簡単に $\lim a_n = a$ と書く．また，$a_n = \alpha_n + i\beta_n$，$a = \alpha + i\beta$ なるとき，

$$\lim a_n = a \iff \lim \alpha_n = \alpha, \quad \lim \beta_n = \beta$$

であり，線形性など実数列のもつ基本的性質が同様に成り立つ．

複素数 a_n を一般項にもつ無限級数 $\sum_{n=0}^{\infty} a_n$ が S に収束するとは，部分
和 $S_n = a_0 + \cdots + a_n$ からなる数列 $\{S_n\}$ が S に収束することをいい，こ
のときの S を級数 $\sum_{n=0}^{\infty} a_n$ の和というなど，実数列からなる無限級数の場
合と同様である．また，領域 D における複素関数列 $\{f_n(z)\}$ や複素関数項
級数 $\sum f_n(z)$ についても同様に考える．例えば，任意の $\varepsilon > 0$ に対して，
N が $z \in D$ の位置に依らず存在して，$|f_n(z) - f(z)| < \varepsilon$ $(n > N)$ が
成り立つときに $\{f_n(z)\}$ が $f(z)$ に一様収束するという．そして，このとき，
$|\int_C f_n(z)\,dz - \int_C f(z)\,dz| \le \int_C |f_n(z) - f(z)|\,|dz| \le \varepsilon \times (C$ の長さ$)$ だ
から積分と極限の順序交換が可能であるなど，実関数のときと同様である．

例 　幾何級数

$$1 + z + z^2 + \cdots + z^n + \cdots$$

の部分和は

$$S_n = 1 + z + \cdots + z^n = \frac{1 - z^{n+1}}{1 - z}, \quad z \ne 1$$

であり，$|z| < 1$ のとき，$z^{n+1} \to 0$，$S_n \to \frac{1}{1-z}$ $(n \to \infty)$ であるから，

$$\sum_{n=0}^{\infty} z^n = \frac{1}{1 - z}, \qquad |z| < 1.$$

一方，$|z| \ge 1$ のとき，第 n 項の z^n が 0 に収束しないので幾何級数は収束しな
い．　　　　　　　　　　　　　　　　　　　　　　　　　　　　　　　　□

例 幾何級数の和の公式

$$1 + z + z^2 + \cdots + z^n + \cdots = \frac{1}{1-z}, \qquad |z| < 1$$

を書き換えると

$$1 - z + z^2 - \cdots + (-1)^n z^n + \cdots = \frac{1}{1+z}, \quad |z| < 1,$$

$$1 + z^2 + z^4 + \cdots + z^{2n} + \cdots = \frac{1}{1-z^2}, \quad |z| < 1,$$

$$\frac{1}{z-2} = -\frac{1}{2} \frac{1}{1-\frac{z}{2}} = -\frac{1}{2}\left(1 + \frac{z}{2} + \left(\frac{z}{2}\right)^2 + \cdots\right), \quad |z| < 2$$

などが得られるが，これらは無限級数を有理式で表す和公式と読める一方有理式を無限級数として表す展開公式と読むこともできる． □

$\sum_{n=0}^{\infty} c_n (z - z_0)^n$ の形の関数項級数を**冪級数** (power series) という．そして，この冪級数の**収束半径** (radius of convergence) を

$$r = \sup\left\{ |z - z_0| \in \mathbb{R} \; \middle| \; \sum_{n=0}^{\infty} c_n (z - z_0)^n \text{ が収束} \right\}$$

により定義すると，収束半径 r は係数 c_n から次のように求められる．

(i) $\lim_{n \to \infty} \left| \frac{c_n}{c_{n+1}} \right|$ が有限または $+\infty$ であるとき，$r = \lim_{n \to \infty} \left| \frac{c_n}{c_{n+1}} \right|$.

(ii) $\lim_{n \to \infty} \sqrt[n]{|c_n|}$ が有限または $+\infty$ であるとき，$r = \dfrac{1}{\lim_{n \to \infty} \sqrt[n]{|c_n|}}$.

例 幾何級数 $\sum z^n$ の収束半径は 1 である． □

例 級数 $\sum \frac{z^n}{n!}$ の収束半径は $+\infty$，つまり，複素数平面全体で収束する． □

一般に，収束半径 r が正なる冪級数 $\sum_{n=0}^{\infty} c_n (z - z_0)^n$ に対する開円板

$$|z - z_0| < r$$

を，冪級数 $\sum_{n=0}^{\infty} c_n (z - z_0)^n$ の**収束円板** (disk of convergence) という．冪級数は，収束円板内の任意の点で絶対収束し，$|z - z_0| > r$ なる任意の点で発散する．円周 $|z - z_0| = r$ 上の点においては，いろいろ起こり得る．ここで，

級数 $\sum a_n$ が**絶対収束**する（converge absolutely）とは，級数 $\sum |a_n|$ が収束することである.

> **例**　(i) $\sum_{n=0}^{\infty} z^n$, (ii) $\sum_{n=0}^{\infty} \frac{z^n}{n^2}$, (iii) $\sum_{n=0}^{\infty} \frac{z^n}{n}$ の収束半径はどれも 1 であるが，円周 $|z| = 1$ において，(i) は発散，(ii) は絶対収束，そして，(iii) は $z = 1$ で発散する.　　　　　　　　　　□

　一般に，冪級数 $f(z) = \sum_{n=0}^{\infty} c_n(z - z_0)^n$ は収束円板 $|z - z_0| < r$ 内において正則な関数を与えるが，それだけでなく，収束円板内の任意の点において何回でも微分可能であって，その k 階導関数 $f^{(k)}(z)$ は

$$f^{(k)}(z) = \sum_{n=k}^{\infty} n(n-1)\cdots(n-k+1)c_n(z - z_0)^{n-k}$$

で与えられ，収束半径も変わらず r のままである. そして，そのことから $n!\, c_n = f^{(n)}(z_0)$ という関係が得られる.

9.5.2　正則関数の冪級数表示

　冪級数がその収束円板内で正則関数を表すことを 9.5.1 項で述べたが，その逆も成り立つ.

　関数 f を領域 D で正則な関数，z_0 を D の点，閉円板 $\{z \mid |z - z_0| \le r\}$ を D に含まれているものとする. このとき，f は $|z - z_0| < r$ において

$$f(z) = \sum_{n=0}^{\infty} \frac{f^{(n)}(z_0)}{n!}(z - z_0)^n$$

と冪級数表示される. この右辺を，z_0 を中心とする，f の**テイラー展開式**（Taylor expansion）または f の**テイラー級数**（Taylor series）という.

　実際，閉円板 $\{z \mid |z - z_0| \le r\}$ が D に含まれ，z が $|z - z_0| < r$ であるとすると，コーシーの積分定理から

$$f(z) = \frac{1}{2\pi i} \int_{|\zeta - z_0| = r} \frac{f(\zeta)}{\zeta - z} \, d\zeta$$

であり，$|z - z_0| < |\zeta - z_0|$ より，

$$\frac{f(\zeta)}{\zeta - z} = \frac{f(\zeta)}{(\zeta - z_0) - (z - z_0)} = \frac{f(\zeta)}{(\zeta - z_0)\left(1 - \dfrac{z - z_0}{\zeta - z_0}\right)}$$

$$= \sum_{n \geq 0} \frac{f(\zeta)(z - z_0)^n}{(\zeta - z_0)^{n+1}}$$

が円周 $|\zeta - z_0| = r$ 上で一様収束するので，無限和と積分の順序を交換することができて，次のような z_0 を中心とする冪級数による $f(z)$ の表示を得る．

$$f(z) = \sum_{n \geq 0} \left(\frac{1}{2\pi i} \int_{|\zeta - z_0| = r} \frac{f(\zeta)}{(\zeta - z_0)^{n+1}} \, d\zeta \right) \cdot (z - z_0)^n.$$

ところが，9.5.1 項で示した通り，冪級数表示の一般項の係数は $\dfrac{f^{(n)}(z_0)}{n!}$ となるのだから，

$$\frac{1}{2\pi i} \int_{|\zeta - z_0| = r} \frac{f(\zeta)}{(\zeta - z_0)^{n+1}} \, d\zeta = \frac{f^{(n)}(z_0)}{n!}$$

つまり (9.8) が導かれ，f が D で正則なら f は D で何回でも微分可能であることが，9.5.1 項とは異なる道筋で言えたことになる．

いずれにしても，ある点における正則関数の冪級数による表示は一意的であることは重要である．

例 次は複素数平面全体で収束する冪級数による表示である．

$$e^z = 1 + z + \frac{z^2}{2!} + \frac{z^3}{3!} + \cdots + \frac{z^n}{n!} + \cdots,$$

$$\sin z = z - \frac{z^3}{3!} + \frac{z^5}{5!} - \cdots + \frac{(-1)^n z^{2n+1}}{(2n+1)!} + \cdots,$$

$$\cos z = 1 - \frac{z^2}{2!} + \frac{z^4}{4!} - \cdots + \frac{(-1)^n z^{2n}}{(2n)!} + \cdots.$$

注意 関数 $f(z) = \sum_{n=0}^{\infty} (-1)^n z^{2n}$ の収束半径は 1 であるが，これは，原点を中心とする円板を考えたとき，その半径 r が 1 より大きいと，円板の内部 $|z| < r$ で $f(z)$

が必ずしも正則でなくなる（10.1 節の言葉を遣えば, $f(z)$ の特異点 $z = \pm i$ を含んでしまう）からである. 実変数の範囲で考える限り $\frac{1}{x^2+1} = \sum_{n=0}^{\infty} (-1)^n x^{2n}$ という等式を知っていても, 右辺の冪級数の収束半径が 1 である理由はわからないが, 複素変数の範囲で考えれば, 原点と特異点までの最短距離 1 が収束半径 1 を与えていることがわかる. 一般に, 冪級数の収束円の円周上には少なくとも 1 つの特異点があって, 冪級数の収束半径 r は, その中心と特異点までの最短距離 r に等しいのである. 例えば, 章末問題 9.4 の (1) における冪級数の収束半径は左辺からわかるように 2π である. このように, 冪級数の収束半径の意味が明解に説明されることは, 関数を複素変数で捉えることの大きな利点である.

　ところで, 与えられた関数 f のテイラー展開を求めるとき, いきなり微分係数 $f^{(n)}(z_0)$ を求めることは, 殆どの場合, 勧められない. むしろ, よくわかっている冪級数展開を使って, 工夫して求めるのがよい. どのような方法で求めてもよいことは, 冪級数展開の一意性により保証されている.

　例　$f(z) = z^5 \cos(3z)$ の原点を中心とするテイラー展開は, $\cos(3z)$ のテイラー展開に z^5 を掛けて

$$f(z) = z^5 - \frac{2^2}{2!} z^7 + \cdots + \frac{(-1)^n 2^{2n}}{(2n)!} z^{2n+5} + \cdots$$

とすればよい.　　　　　　　　　　　　　　　　　　　　　　　　　　　□

例題 9.7

　対数関数 $f(z) = \log z$ の $f(1) = 0$ なる枝の 1 を中心とする冪級数展開が

$$f(z) = \sum_{n=1}^{\infty} \frac{(-1)^{n-1}}{n} (z-1)^n, \quad |z-1| < 1 \qquad (9.9)$$

となることを示しなさい.

証明

$$\frac{1}{z} = \frac{1}{1 + (z-1)} = \sum_{n=0}^{\infty} (-1)^n (z-1)^n, \quad |z-1| < 1$$

の両辺を 1 から z まで積分すると,

$$\log z = \sum_{n=0}^{\infty} (-1)^n \frac{(z-1)^{n+1}}{n+1}.$$

これは (9.9) に他ならない. □

例 関数 $f(z)$ が領域 D において正則であり, D のある点 z_0 において $f^{(k)}(z_0) = 0$, $k = 0, 1, 2, \ldots$ であるなら, $f(z)$ は D において恒等的にゼロである. □

9.5.3 冪級数の積と商

2 つの冪級数 $f(z) = \sum_{k \geq 0} a_n z^n$ と $g(z) = \sum_{n \geq 0} b_n z^n$ の収束半径がそれぞれ r_1, r_2 であれば, $c_n = \sum_{m=0}^{n} a_m b_{n-m}$ を係数とする冪級数

$$h(z) = \sum_{n=0}^{\infty} c_n z^n$$

は少なくとも $r := \min\{r_1, r_2\}$ の収束半径をもち,

$$h(z) = f(z)g(z), \qquad |z| < r$$

である.

例

$$\frac{e^z}{1-z} = \left(1 + z + \frac{z^2}{2!} + \frac{z^3}{3!} + \cdots \right)(1 + z + z^2 + z^3 + \cdots)$$

$$= 1 + 2z + \frac{5}{2}z^2 + \frac{8}{3}z^3 + \frac{65}{24}z^4 + \cdots, \quad |z| < 1.$$ □

例

$$(1 - z^2)\sin z = (1 - z^2)\left(z - \frac{z^3}{3!} - \frac{z^5}{5!} + \cdots \right)$$

$$= z - \frac{7}{6}z^3 + \frac{21}{120}z^5 - \cdots, \quad z \in \mathbb{C}.$$ □

原点の近傍で正則な関数 $g(z) = 1 + b_1 z + b_2 z^2 + \cdots$ に対する $\frac{1}{g(z)}$ の冪級数展開は，$\sum_{n=1}^{\infty} b_n z^n$ が十分小さいとすれば，

$$\frac{1}{g(z)} = \frac{1}{1 + \sum_{n=1}^{\infty} b_n z^n}$$

$$= 1 - \left(\sum_{n=1}^{\infty} b_n z^n \right) + \left(\sum_{n=1}^{\infty} b_n z^n \right)^2 - \left(\sum_{n=1}^{\infty} b_n z^n \right)^3 + \cdots$$

としてから，z の冪でまとめる．

例

$$\frac{1}{\cos z} = \frac{1}{1 - \frac{z^2}{2!} + \frac{z^4}{4!} - \cdots}$$

$$= 1 + \left(\frac{z^2}{2!} - \frac{z^4}{4!} + \cdots \right) + \left(\frac{z^2}{2!} - \frac{z^4}{4!} + \cdots \right)^2 + \cdots$$

$$= 1 + \frac{1}{2} z^2 + \frac{5}{24} z^4 + \cdots$$

であるから，

$$\frac{\sin z}{\cos z} = \left(z - \frac{z^3}{3!} + \frac{z^5}{5!} + \cdots \right) \left(1 + \frac{1}{2} z^2 + \frac{5}{24} z^4 + \cdots \right)$$

$$= z + \frac{1}{3!} z^3 + \frac{2}{15} z^5 + \cdots .$$

9.6　正則関数の零点

9.6.1　正則関数の零点

領域 D における恒等的にゼロではない関数 $f(z)$ が点 $z = z_0$ で 0 となるとき，点 z_0 を $f(z)$ の零点（zero）という．とくに関数 $f(z)$ が正則関数であり，零点 z_0 の近傍でのテイラー展開が $k \in \mathbb{Z}_{>0}$ として

$$f(z) = \sum_{n=k}^{\infty} c_n (z - z_0)^n, \quad c_k \neq 0$$

となるとき，$z = z_0$ は f の **k 位の零点**（zero of order k）であるという．

一般に，正則関数 $f(z)$ の零点 $z = z_0$ は，適当な z_0 の近傍をとると，他

の零点を含まないようにできる. このことを, 正則関数の零点は**孤立**している (isolated) という. したがって, 領域 D における正則関数の零点は領域 D において集積しない (D の中に集積点を含まない).

> **例** 正則関数 $f(z)$ が点 z_0 で k 位の零点をもてば, z_0 の近傍で正則な関数 $g(z)$ が存在して, 次が成り立つ.
>
> $$f(z) = (z - z_0)^k g(z), \quad g(z_0) \neq 0.$$
>
> ここで, z_0 の十分小さな近傍 $U_\delta(z_0)$ において $g(z)$ が 0 とならないようにすれば, $f(z)$ の $U_\delta(z_0)$ における零点は $z = z_0$ のみである. ☐

> **例** 領域 D における正則関数 $f(z)$ と, 領域 D に含まれる有界閉集合 K について, $f(z)$ の K における零点の集合は高々有限個の点からなる. ここで集合 S が**有界** (bounded) であるとは, 大きな R-近傍 $U_R(0)$ をとれば $S \subset U_R(0)$ となることをいう. ☐

9.6.2 一 致 の 定 理

領域 D における正則関数 $f(z)$ が領域 D における点 a に収束する収束列 $\{z_n\}_{n=1}^\infty$ で $z_n \neq a$, $n = 1, 2, \ldots$ をみたすものが存在して $f(z_n) = 0$, $n = 1, 2, \ldots$ であれば, $f(z)$ は領域 D において恒等的にゼロでなければならない. このことをいい換えると, 次が得られる.

領域 D における正則関数 $f(z)$, $g(z)$ に対して, 領域 D における点 a に収束する収束列 $\{z_n\}_{n=1}^\infty$ で $z_n \neq a$, $n = 1, 2, \ldots$ をみたすものが存在して $f(z_n) = g(z_n)$, $n = 1, 2, \ldots$ であれば, 領域 D において恒等的に $f(z) = g(z)$ となる. これを**一致の定理** (identity theorem, uniqueness theorem) という.

> **例** 領域 D における正則関数 $f(z)$, $g(z)$ が D 内の空でない開集合 D_0 において $f(z) = g(z)$ であるならば, $f(z)$ と $g(z)$ とは D において恒等的に等しい. ☐

> **例** 複素関数としての指数関数 e^z が実数直線上においては実数関数としての指数関数 e^x に等しいが, 逆に, 正則関数の範囲で考える限り, 指数関数 e^x の定義域を広げて自然に得られるものは e^z しかないということを一致の定理が保証している. ☐

例 実数関数としての指数関数がみたす指数法則 $e^x e^y = e^{x+y}$ から複素関数としての指数関数がみたす指数法則 $e^z e^w = e^{z+w}$ が導かれる. □

例 実数関数としての三角関数のみたす関係式 $\sin^2 x + \cos^2 x = 1$ から複素関数としての三角関数のみたす関係式 $\sin^2 z + \cos^2 z = 1$ が導かれる. □

9.6.3 解 析 接 続

2つの領域 D_0 と D とが $D_0 \subset D$ であって,領域 D_0 における正則関数 $f_0(z)$ と,領域 D における正則関数 $f(z)$ が,D_0 において一致しているとき,$f(z)$ は $f_0(z)$ の D への**解析接続**(analytic continuation)であるという.また,このとき,$f_0(z)$ は領域 D まで解析接続可能ともいう.一致の定理より,$f_0(z)$ の D への解析接続は一意的である.

冪級数

$$P(z; a) = \sum_{n=0}^{\infty} a_n (z - a)^n$$

の収束半径 $\rho(a)$ が正であるとき,$P(z; a)$ を a を中心とする**関数要素**(function element)という.関数要素 $P(z; a)$ は収束円板 $|z - a| < \rho(a)$ 内で正則な関数を表すので,円板 $|z - a| < \rho(a)$ 内の任意の点 b の近傍で一意的な冪級数

$$P(z; b) = \sum_{n=0}^{\infty} b_n (z - b)^n$$

に展開される.ところが,$P(z; b)$ の収束半径 $\rho(b)$ は少なくとも $\rho(b) \geq \rho(a) - |a - b|$ であって,もしも $\rho(b) > \rho(a) - |a - b|$ となれば,

$$\Delta_{ab} = \{|z - a| < \rho(a)\} \cap \{|z - b| < \rho(b)\}$$

において $P(z; a)$ も $P(z; b)$ も正則であってお互いの値が一致する.したがって,関数 $F_{ab}(z)$ を $\{|z - a| < \rho(a)\}$ においては $P(z; a)$,$\{|z - b| < \rho(b)\}$ においては $P(z; b)$ と定義すると,$F_{ab}(z)$ は

$$\{|z - a| < \rho(a)\} \cup \{|z - b| < \rho(b)\}$$

における正則関数であり,$P(z; a)$ の

$$\{|z - a| < \rho(a)\} \cup \{|z - b| < \rho(b)\}$$

への解析接続を与えている.この操作を繰り返すことによって,$P(z; a)$ のより広い領域への解析接続を考えることができる.

9.1 領域 D で正則な関数 $f(z)$ が，D において $f'(z) = 0$ であるならば，$f(z)$ は D において定数であることを示しなさい．

9.2 領域 D で正則な関数 $f(z)$ が，D において $|f(z)|$ が定数であるならば，$f(z)$ も D において定数であることを示しなさい．

9.3 関数 $w(z) = \frac{a-z}{1-az}$（$0 < a < 1$）は，$|z| < 1$ において正則であって，z が単位円周 $|z| = 1$ の上にあるとき，その像 w も単位円周 $|w| = 1$ の上にあることを示しなさい．そして，この関数の $z = 0$ を中心とするテイラー展開を求めなさい．

9.4 関数 $g(z) = z(e^z - 1)^{-1}$ に対して原点は除去可能な特異点（第 10 章を参照）である．

(1) 原点を中心としたテイラー展開を

$$\frac{z}{e^z - 1} = \sum_{n=0}^{\infty} \frac{b_n}{n!} z^n, \qquad |z| < 2\pi$$

としたとき，$b_0 = 1$, $b_1 = -\frac{1}{2}$, $b_{2k+1} = 0$（$k \geq 1$）を示しなさい．

(2) $n \in \mathbb{Z}_{>1}$ に対して，次を示しなさい．

$$\binom{n}{0} b_0 + \binom{n}{1} b_1 + \binom{n}{2} b_2 + \cdots + \binom{n}{n-1} b_{n-1} = 0.$$

(3) 次を導きなさい．

$$z \cot z = 1 + \sum_{n=1}^{\infty} \frac{(-1)^n 2^{2n} b_{2n}}{(2n)!} z^{2n}.$$

注意 ここに現れた b_{2n} をベルヌーイ数（Bernoulli number）という．$b_0 = 1$, $b_2 = \frac{1}{6}$, $b_4 = -\frac{1}{30}$, $b_6 = \frac{1}{42}$, $b_8 = -\frac{1}{30}$, ... である．なお，$B_n = (-1)^{n-1} b_{2n}$ や $B_{2n} = (-1)^{n-1} b_{2n}$ として，これらをベルヌーイ数とする流儀もある．

第10章

有 理 型 関 数

特異点（正則性が崩れる点）の中でも，とくに，極と呼ばれるものを許すことによって正則関数論の守備範囲を拡大する．関数はその特異点に本性を表すという考え方は関数論に通底したものであり，そのわかりやすい実現の1つが留数解析である．

10.1 孤 立 特 異 点

円環領域 $0 \leq R_1 < |z - z_0| < R_2 \leq \infty$ における正則関数 $f(z)$ は，この領域で

$$
f(z) = \sum_{-\infty < n < \infty} c_n(z - z_0)^n = \sum_{n=0}^{\infty} c_n(z - z_0)^n + \sum_{n=1}^{\infty} \frac{c_{-n}}{(z - z_0)^n}
$$

と一意的に書ける．$z - z_0$ の級数としては $R_1 < r_1 < r_2 < R_2$ をみたす r_1, r_2 に対する $r_1 \leq |z - z_0| \leq r_2$ において絶対かつ一様に収束する．これを点 z_0 を中心とする $f(z)$ の**ローラン級数**（Laurent series）という．各係数 c_n は n の正負に依らず

$$
c_n = \frac{1}{2\pi i} \int_{|\zeta - z_0| = r} \frac{f(\zeta)}{(\zeta - z)^{n+1}} \, d\zeta, \quad n = 0, \pm 1, \pm 2, \ldots
$$

で与えられる．ここで，r は $r_1 < r < r_2$ をみたす限り任意でよい．

穴の開いた開円板 $\{z \mid 0 < |z - z_0| < r\}$ において $f(z)$ が正則なとき，点 z_0 は $f(z)$ の**孤立特異点**（isolated singularity）であるという．

このとき，f はローラン級数により

$$
f(z) = \sum_{n=1}^{\infty} \frac{c_{-n}}{(z - z_0)^n} + \sum_{n=0}^{\infty} c_n(z - z_0)^n, \quad 0 < |z - z_0| < r
$$

と表示される（f のローラン展開という）が，右辺の第二項は $0 < |z - z_0| < r$ における正則関数である一方，第一項は $f(z)$ の $z = z_0$ の近くにおける挙動を支配する主要な部分であるから，点 z_0 における関数 $f(z)$ のローラン展開の**主要部**（principal part）という．

関数 f が正則とならないない点 z_0 を関数 f の**特異点**（singular point, singularity）という．関数 f の特異点としては，孤立特異点の他に，集積特異点，（多価函数における）分岐点がある．

ローラン展開の主要部の様子によって，孤立特異点は，次の3つに分類される．

(1) 主要部が無い場合：$0 < |z - z_0| < r$ におけるローラン展開が

$$f(z) = \sum_{n \geq 0} c_n (z - z_0)^n$$

となっていて，もし，点 z_0 における $f(z)$ の値が c_0 であれば，点 z_0 は正則点であるし，そうでない場合でも，あらためて z_0 における $f(z)$ の値を c_0 に取り換えれば，やはり，点 z_0 は $f(z)$ の正則点となる．したがって，この場合の点 z_0 を**除去可能特異点**または**除ける特異点**（removable singularity）という．

(2) 主要部が有限和の場合：

$$f(z) = \sum_{n=1}^{k} \frac{c_{-n}}{(z - z_0)^n} + \sum_{n=0}^{\infty} c_n (z - z_0)^n, \qquad c_{-k} \neq 0$$

は点 z_0 において**極**（pole）をもつという．また，k を点 z_0 における極の**位数**（order）といい，$k = 1$ のときは**単純極**（simple pole）という．

(3) 主要部が無限和の場合：$f(z)$ の z_0 におけるローラン展開の負冪の項が無限個あるとき，z_0 を**真性特異点**（essential singularity）という．

注意 (1) に関して，除去可能特異点については，断りなく，特異点を除去してしまった関数を考えるのが複素関数論の慣習となっている．また，z_0 が $f(z)$ の孤立特異点であり，ある $r > 0$ が存在して $0 < |z - z_0| < r$ で $f(z)$ が有界なら，z_0 は除去可能特異点である．これを**リーマンの除去可能特異点についての定理**（Riemann's theorem on removable singularities）という．

(2) に関して，$\lim_{z \to z_0} |f(z)| = \infty$ であれば，点 $z = z_0$ は $f(z)$ の極であることがいえる．また，z_0 が $f(z)$ の k 位の極の場合，$0 < |z - z_0| < r$ なる領域で，$g(z_0) \neq 0$ なる正則関数 $g(z)$ を用いて $f(z) = \frac{g(z)}{(z - z_0)^k}$ と表される．

(3) に関して，$z = z_0$ が $f(z)$ の真性特異点のとき，$\lim_{z \to z_0} |f(z)|$ は定まらないことがいえる．

注意 無限遠点 ∞ における特異性や正則性も論じることはできるが，本書では扱わない．

例 関数 $f = \frac{z^2 - 1}{z - 1}$ は点 $z = 1$ を除いた領域で定義され，しかも $2 + (z - 1)$ と $z = 1$ を中心としたローラン級数で表されるので $z = 1$ は f の除去可能特異点であり，$f(1) = 2$ と改めて定義するのが特異点の除去であるが，これは f を約分して得られる式 $1 + z$ を複素数平面全体で考えることに対応している． □

例 関数 $f(z) = \frac{\sin z}{z}$ の原点を中心とするローラン展開は $f(z) = 1 - \frac{1}{3!}z^2 +$ $\cdots$ であるから，原点は f の除去可能特異点であって，$f(0) = 1$ と定義すれば原点は f の正則点である． □

例 (1) $z = 1$ は $\frac{z^3 + 1}{z - 1}$ の単純極である．

(2) $z = n\pi$ $(n \in \mathbb{Z})$ は $\frac{1}{\sin z}$ の単純極である．

(3) $z = 2n\pi i$ $(n \in \mathbb{Z})$ は $\frac{1}{1 - e^z}$ の単純極である．

(4) 原点は $e^{\frac{1}{z}}$ の真性特異点である． □

領域 D において，極を除いて正則な関数を D における**有理型関数**（meromorphic function）という．D における正則関数は D における有理型関数でもある．

例えば，有理関数，$\sin z$，$\cos z$，$\tan z$，$\frac{1}{\sin z}$ などは複素数平面における有理型関数である．

問 (1) $\frac{z^2}{(z^2 - 1)^3}$ の孤立特異点 $z = 1$ における主要部を求めなさい．

(2) $\frac{\cos z}{z^2 \sin z}$ の孤立特異点 $z = 0$ における主要部を求めなさい．

10.2 留 数 定 理

10.2.1 留 数 定 理

関数 $f(z)$ の点 z_0 におけるローラン展開

$$f(z) = \sum_{n=-\infty}^{\infty} c_n \, (z - z_0)^n$$

の係数 c_{-1} を $f(z)$ の点 z_0 における**留数**（residue）といい，次のように表す.

$$\mathrm{Res}\,(\,f(z)\,,z_0\,), \quad \mathrm{Res}\,(\,f(z)\,;z_0\,), \quad \mathrm{Res}_{z=z_0}f(z),$$

$$\mathrm{Res}\,[\,f(z),z_0\,], \quad \mathrm{res}\,\{\,f(z)\,;z_0\,\}, \quad \mathrm{Res}_{z=z_0}f(z)\,dz$$

$f(z)$ が z_0 で正則なら，$\mathrm{Res}(f\,;z_0) = 0$ であるが，$\mathrm{Res}(f\,;z_0) = 0$ であっても，$f(z)$ が z_0 で正則であるとは限らない.

例 (1) 関数 $f(z) = \frac{5}{z}$ の原点は単純極で，原点における留数は 5 である.

(2) 関数 $f(z) = \frac{1}{z^2}$ の原点は 2 位の極で，原点における留数は 0 である.

(3) 関数 $f(z) = \frac{1}{z^3} + \frac{2}{z} + 4$ の原点は 3 位の極で，原点における留数は 2 である.

(4) 関数 $f(z) = \frac{z^2+3z+3}{z+1}$ の分子 $h(z) = z^2 + 3z + 3$ を $z+1$ で割ったときの余りは $h(-1) = 1$ であるから，点 $z = -1$ は f の単純極であり，その点における f の留数は 1 である. ◻

一般に，関数 $f(z)$ の単純極 $z = z_0$ における留数は $\left[\,(z - z_0)f(z)\,\right]_{z=z_0}$ である.

例 $\mathrm{Res}\left(\frac{1}{z^2+1}\,;i\,\right) = \left[\frac{z-i}{z^2+1}\right]_{z=i} = \left[\frac{1}{z+i}\right]_{z=i} = \frac{1}{2i}.$ ◻

--- **例題 10.1** -------------------

点 $z = z_0$ を単純極にもつ

$$f(z) = \frac{p(z)}{q(z)}, \quad p(z_0) \neq 0, \quad q(z_0) = 0, \quad q'(z_0) \neq 0$$

の $z = z_0$ における留数は $\frac{p(z_0)}{q'(z_0)}$ で与えられることを示しなさい.

【解答】 $q(z) = (z-z_0)r(z)$, $r(z_0) \neq 0$ と書けて, $f(z) = \frac{p(z)}{q(z)} = \frac{p(z)}{(z-z_0)r(z)}$ であるので, $\mathrm{Res}\,(f(z)\,;z_0\,) = \big[(z-z_0)f(z)\big]_{z=z_0} = \frac{p(z_0)}{r(z_0)}$ である. その一方, $q(z) = (z-z_0)r(z)$ より $q'(z) = r(z) + (z-z_0)r'(z)$ より $q'(z_0) = r(z_0)$ だから, 結局, $\mathrm{Res}\,(f(z)\,;z_0\,) = \frac{p(z_0)}{q'(z_0)}$ である. □

例 $\mathrm{Res}\left(\frac{1}{z^2+1}\,;i\right) = \left[\frac{1}{(z^2+1)'}\right]_{z=i} = \left[\frac{1}{2z}\right]_{z=i} = \frac{1}{2i}.$ □

問 1 $\omega = e^{\frac{2\pi i}{n}}$ としたとき, $f(z) = \frac{1}{z^n-1}$ の単純極 $z = \omega^k$ $(k=0,1,\ldots,n-1)$ における留数を求めなさい.

一般に, $f(z)$ が点 $z = z_0$ に m 位の極をもつと,
$$f(z) = \frac{c_{-m}}{(z-z_0)^m} + \cdots + \frac{c_{-1}}{(z-z_0)} + c_0 + c_1(z-z_0) + \cdots$$
つまり
$$(z-z_0)^m f(z) = c_{-m} + c_{-m+1}(z-z_0) + \cdots + c_{-1}(z-z_0)^{m-1} + \cdots$$
であるから, 留数は
$$c_{-1} = \frac{1}{(m-1)!}\left[\frac{d^{m-1}}{dz^{m-1}}\{(z-z_0)^m f(z)\}\right]_{z=z_0}$$
となる.

問 2 $\frac{z^2}{(1+z^2)^2}$ の極 $z = i$ における留数を求めなさい.

定理 10.1（留数定理（residue theorem）） 領域 D における有理型関数 f が領域 D 内の単純閉曲線 C の内部の有限個の点 $\{z_1,\ldots,z_m\}$ を除いて正則であるとき, 次が成り立つ.
$$\int_C f(z)\,dz = 2\pi i \sum_{j=1}^{m} \mathrm{Res}\Big(f(z)\,;z_j\Big).$$
ただし, C は正の方向である.

例 $\displaystyle\int_{|z|=3} \frac{z+1}{z^2-2z}\,dz = 2\pi i \left\{ \mathrm{Res}\left(\frac{z+1}{z^2-2z}\,;\,0 \right) + \mathrm{Res}\left(\frac{z+1}{z^2-2z}\,;\,2 \right) \right\}$
$$= 2\pi i.\qquad\blacksquare$$

　円弧と線分を有限個繋げたものを**輪郭線**（contour）という．多角形，円板，半円板，蒲鉾の断面，竹輪を縦割りにした断面，鍵穴，そして，犬が咥えた骨を平面に射影したものの輪郭がその典型例である．

　19 世紀の初頭，コーシーが関数論の研究を開始した動機は，さまざまな実関数の定積分の値を系統的に求めることにあった．その結果が，輪郭線上の複素積分に留数定理を適用する**留数解析**（residue calculus）であり，以下，代表的な計算例を紹介する．

10.2.2　有理関数の実軸上の積分

— 例題 10.2 —

次を示しなさい．

$$\int_0^\infty \frac{1}{x^4+1}\,dx = \frac{\pi}{2\sqrt{2}}. \tag{10.1}$$

【解答】　関数 $\frac{1}{z^4+1}$ に対して，上半平面 $\{ z \in \mathbb{C} \mid \mathrm{Im}\,z > 0 \}$ における十分大きな半円板の輪郭線，つまり十分大きな半径 R の半円周 $C_R : z = Re^{i\theta}$ $(0 \le \theta \le \pi)$ と区間 $[-R, R]$ からなる閉曲線 $C = C_R + [-R, R]$ の上の積分

$$I = \int_C \frac{1}{z^4+1}\,dz$$

を考える．有理関数 $\frac{1}{z^4+1}$ の孤立特異点（4 つの単純極）のうち C の内部に位置するのは $z = e^{\frac{\pi i}{4}}$ および $z = e^{\frac{3\pi i}{4}}$ であり，それぞれにおける留数は $-\frac{e^{\frac{\pi i}{4}}}{4}$

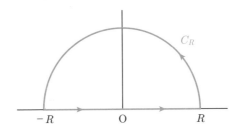

および $-\dfrac{e^{\frac{3\pi i}{4}}}{4}$ であるから，留数定理より

$$I = 2\pi i \times \left(-\frac{e^{\frac{\pi i}{4}}}{4} - \frac{e^{\frac{3\pi i}{4}}}{4} \right) = \frac{\pi}{\sqrt{2}}. \tag{10.2}$$

一方で，

$$I = \int_{-R}^{R} \frac{1}{x^4+1}\,dx + \int_{C_R} \frac{1}{z^4+1}\,dz$$

および

$$\left| \int_{C_R} \frac{1}{z^4+1}\,dz \right| \le \frac{\pi R}{R^4-1}$$

より，

$$I \to \int_{-\infty}^{\infty} \frac{1}{x^4+1}\,dx \quad (R \to \infty). \tag{10.3}$$

(10.2) と (10.3) とを合わせて，(10.1) を得る. □

　一般に，実数係数の多項式 $P(x)$, $Q(x)$ について，$Q(x) = 0$ が実根をもたず，$\deg Q(x) \ge \deg P(x) + 2$ であれば，

$$\int_{-\infty}^{\infty} \frac{P(x)}{Q(x)}\,dx$$

の値は，上半平面における半円板の輪郭線における積分を用いて求めることができる.

$$\int_{-\infty}^{\infty} \frac{P(x)}{Q(x)}\,dx = 2\pi i \sum \mathrm{Res}\left(\frac{P(z)}{Q(z)}\,;\, z_j \right).$$

ただし，右辺の和は $\dfrac{P(z)}{Q(z)}$ の上半平面に位置する極 z_j 全体に渉るものとする.

問 3　次を求めなさい.

(1) $\displaystyle\int_0^{\infty} \frac{x^2}{x^4+a^4}\,dx,\quad a > 0.$　　(2) $\displaystyle\int_{-\infty}^{\infty} \frac{x^2}{(x^2+1)^2}\,dx.$

(3) $\displaystyle\int_0^{\infty} \frac{1}{(x^2+a^2)^n}\,dx,\quad a > 0,\quad n \in \mathbb{Z}_{>0}.$

10.2.3　三角関数と有理関数の積の実軸上の積分

例題 10.3

次を示しなさい.

$$\int_{-\infty}^{\infty} \frac{\cos(ax)}{x^2+1}\,dx = \pi e^{-a}, \quad a > 0. \tag{10.4}$$

【解答】 例題 10.2 と同じ輪郭線 $C = C_R + [-R, R]$ の上の積分

$$I = \int_C \frac{e^{iaz}}{z^2+1}\,dz$$

を考える. 被積分関数は上半平面において単純極 $z = i$ を除いて正則であり, 点 $z = i$ における留数は $\frac{e^{-a}}{2i}$ であるから, 留数定理より

$$I = 2\pi i \times \frac{e^{-a}}{2i} = \pi e^{-a}. \tag{10.5}$$

一方で,

$$I = \int_{-R}^{R} \frac{e^{iax}}{x^2+1}\,dx + \int_{C_R} \frac{e^{iaz}}{z^2+1}\,dz$$

および, $z = Re^{i\theta} = R(\cos\theta + i\sin\theta)$ $(0 \le \theta \le \pi)$ に対して, $|e^{iaz}| = \left|e^{iaR\cos\theta - aR\sin\theta}\right| = e^{-aR\sin\theta} \le 1$ であることから,

$$\left| \int_{C_R} \frac{e^{iaz}}{z^2+1}\,dz \right| \le \frac{\pi R}{R^2-1}$$

なので,

$$I \to \int_{-\infty}^{\infty} \frac{e^{iax}}{x^2+1}\,dx \quad (R \to \infty). \tag{10.6}$$

(10.5) と (10.6) とを合わせて,

$$\int_{-\infty}^{\infty} \frac{e^{iax}}{x^2+1}\,dx = \pi e^{-a}$$

を得るが, この両辺の実部の比較により, (10.4) を得る. □

注意　最後の段階で，虚部の比較により得られるのは

$$\int_{-\infty}^{\infty} \frac{\sin(ax)}{x^2+1}\,dx = 0$$

であるが，この式自身は面白いものではない．

一般に，実数係数の多項式 $P(x)$, $Q(x)$ について，$Q(x)=0$ が実根をもたず，$\deg Q(x) \geq \deg P(x) + 2$ であるとき，

$$\int_{-\infty}^{\infty} \frac{P(x)}{Q(x)}\cos(ax)\,dx$$

の値は，上半平面における半円板の輪郭線における積分を用いて求めることができる．しかし，このとき，被積分関数として $\cos(az)$ そのものを用いることはできない．というのも，$\cos(az)$ は虚軸上では $\cosh(ax)$ と同じ振る舞いをするので，半円 C_R 上での積分が，半径を限りなく大きくしてもゼロに収束しないからである．そこで，いったん e^{iaz} を $\cos(az)$ の代わりにとって，最後に実部を取り出すことで $\cos(az)$ の含まれた等式を導くという段取りをする．もちろん，$e^{iaz} = e^{ia(x+iy)} = e^{-a(y-ix)}$ より，$|e^{iaz}| = e^{-ay} \leq 1$, $\mathrm{Im}(z) > 0$ だから，e^{iaz} は上半平面において有界である．なお，

$$\int_{-\infty}^{\infty} \frac{P(x)}{Q(x)}\sin(ax)\,dx$$

についても全く同様である．

問 4　次を求めなさい．

(1)　$\displaystyle\int_{-\infty}^{\infty} \frac{\cos(ax)}{x^4+1}\,dx,\quad a>0.$　　　(2)　$\displaystyle\int_{-\infty}^{\infty} \frac{\cos(ax)}{1+x^2+x^4}\,dx,\quad a>0.$

(3)　$\displaystyle\int_{-\infty}^{\infty} \frac{x\sin x}{(x^2+1)(x^2+4)}\,dx.$

── 例題 10.4 ──

次を示しなさい．

$$\int_{-\infty}^{\infty} \frac{x\sin(ax)}{x^2+1}\,dx = \pi\,e^{-a},\quad a>0. \tag{10.7}$$

【解答】　例題 10.2 と同じ輪郭線 $C = C_R + [-R,\,R]$ の上の積分

$$I = \int_C \frac{z e^{iaz}}{z^2 + 1} \, dz$$

を考える. 被積分関数は上半平面において単純極 $z = i$ を除いて正則であり, 点 $z = i$ における留数が $\frac{e^{-a}}{2}$ であるので, 留数定理より

$$I = 2\pi i \times \frac{e^{-a}}{2} = \pi i e^{-a}. \tag{10.8}$$

一方で,

$$I = \int_{-R}^R \frac{x e^{iax}}{x^2 + 1} \, dx + \int_{C_R} \frac{z e^{iaz}}{z^2 + 1} \, dz$$

および, $z = R e^{i\theta} = R(\cos\theta + i\sin\theta)$ に対して, $|e^{iaz}| = |e^{iaR\cos\theta - aR\sin\theta}| = e^{-aR\sin\theta}$ であることと, 閉区間 $\left[0, \frac{\pi}{2}\right]$ において $\sin\theta \geq \frac{2\theta}{\pi}$ である（下図参照）ことから,

$$\left| \int_{C_R} \frac{z e^{iaz}}{z^2 + 1} \, dz \right| \leq \frac{R^2}{R^2 - 1} \int_0^\pi e^{-aR\sin\theta} \, d\theta = \frac{2R^2}{R^2 - 1} \int_0^{\frac{\pi}{2}} e^{-aR\sin\theta} \, d\theta$$

$$\leq \frac{2R^2}{R^2 - 1} \int_0^{\frac{\pi}{2}} e^{-\frac{2aR\theta}{\pi}} \, d\theta = \frac{\pi R}{a(R^2 - 1)}(1 - e^{-aR})$$

であるから,

$$I \to \int_{-\infty}^\infty \frac{x e^{iax}}{x^2 + 1} \, dx \quad (R \to \infty). \tag{10.9}$$

(10.8) と (10.9) とを合わせれば,

$$\int_{-\infty}^\infty \frac{x e^{iax}}{x^2 + 1} \, dx = \pi i e^{-a}$$

であり, この両辺の虚部の比較から (10.7) を得る.

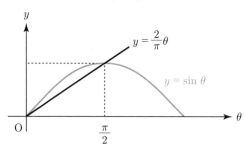

$\square$

一般に，実数係数の多項式 $P(x)$, $Q(x)$ について，$Q(x) = 0$ が実根をもたないとき，$\deg Q(x) = \deg P(x) + 1$ であっても，

$$\int_{-\infty}^{\infty} \frac{P(x)}{Q(x)} \cos(ax)\, dx, \qquad \int_{-\infty}^{\infty} \frac{P(x)}{Q(x)} \sin(ax)\, dx$$

の値は，上半平面における半円板の輪郭線における積分を用いて求めることができる．ただ，$\deg Q(x) > \deg P(x) + 1$ の場合と異なって，もう少し精密な議論が必要となる．そのための鍵が，閉区間 $\left[0, \frac{\pi}{2}\right]$ において $\sin\theta \geq \frac{2\theta}{\pi}$ であるという不等式およびそれから導かれる

$$\int_0^{\frac{\pi}{2}} e^{-aR\sin\theta}\, d\theta \leq \int_0^{\frac{\pi}{2}} e^{-\frac{2aR\theta}{\pi}}\, d\theta = \frac{\pi}{2aR}(1 - e^{-aR}) \leq \frac{\pi}{2aR}$$

で，これらの不等式はジョルダンの不等式（Jordan's inequality）といわれる．

問 5　閉区間 $\left[0, \frac{\pi}{2}\right]$ において $\sin\theta \geq \frac{2\theta}{\pi}$ であることを解析的に示しなさい．

次もジョルダンの不等式を用いる有名例題である．

例題 10.5

$f(z) = \frac{e^{iz}}{z}$ を用いて，次を示しなさい．

$$\int_0^{\infty} \frac{\sin x}{x}\, dx = \frac{\pi}{2}. \tag{10.10}$$

【解答】　$\varepsilon < a < R$ として，図のように向きの付いた二つの半円周 C_ε, C_R と向きのついた線分 $[-R, -\varepsilon]$, $[\varepsilon, R]$ からなる閉曲線 $C = [-R, -\varepsilon] + C_\varepsilon + [\varepsilon, R] + C_R$ の内部で $\frac{e^{iz}}{z}$ は正則であるので，コーシーの積分定理より，

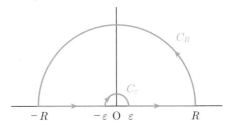

$$I = \left(\int_{-R}^{-\varepsilon} + \int_{C_\varepsilon} + \int_{\varepsilon}^{R} + \int_{C_R} \right) \frac{e^{iz}}{z}\, dz = 0. \tag{10.11}$$

ここで，

$$\left(\int_{-R}^{-\varepsilon} + \int_{\varepsilon}^{R} \right) \frac{e^{iz}}{z}\, dz = 2i \int_{\varepsilon}^{R} \frac{\sin x}{x}\, dx. \tag{10.12}$$

また，

$$\frac{e^{iz}}{z} = \frac{1}{z} \left(1 + (iz) + \frac{1}{2}(iz)^2 + \cdots \right) = \frac{1}{z} + g(z)$$

とすると，$g(z)$ は（整関数ゆえ連続関数だから）半円周 C_ε 上で有界であるので，$|g(z)| < M$ とすれば

$$\left| \int_{C_\varepsilon} g(z)\, dz \right| < M \pi \varepsilon$$

であり，さらに，

$$\int_{C_\varepsilon} \frac{1}{z}\, dz = i \int_{\pi}^{0} d\theta = -\pi i$$

であるから，

$$\int_{C_\varepsilon} \frac{e^{iz}}{z}\, dz = -\pi i \quad (\varepsilon \to 0). \tag{10.13}$$

そして，半円周 C_R 上で $z = Re^{i\theta} = R(\cos\theta + i\sin\theta)$ とすれば，ジョルダンの不等式より，

$$\left| \int_{C_R} \frac{e^{iz}}{z}\, dz \right| = \left| i \int_{0}^{\pi} e^{-R\sin\theta + iR\cos\theta}\, d\theta \right| \le 2 \int_{0}^{\frac{\pi}{2}} e^{-R\sin\theta}\, d\theta \le \frac{\pi}{2R}$$

であるから，

$$\left| \int_{C_R} \frac{e^{iz}}{z}\, dz \right| \to 0 \quad (R \to \infty). \tag{10.14}$$

以上，(10.12), (10.13), (10.14) に注意すれば，(10.11) において $\varepsilon \to 0$, $R \to \infty$ とすると，

$$2i \int_{0}^{\infty} \frac{\sin x}{x}\, dx - i\pi = 0.$$

つまり，(10.10) が得られる。　　　　　　　　　　　　　　　　□

問 6　次を求めなさい.

(1) $\displaystyle\int_{-\infty}^{\infty} \frac{x^3 \sin(ax)}{x^4 + 4} \, dx, \quad a > 0.$　　　(2) $\displaystyle\int_{-\infty}^{\infty} \frac{x^3 \sin x}{(x^2 + 1)^2} \, dx.$

(3) $\displaystyle\int_{-\infty}^{\infty} \frac{(x + 1) \cos x}{x^2 + 4x + 5} \, dx.$

10.2.4　三角関数の一周期の積分

例題 10.6

次を示しなさい.

$$\int_0^{2\pi} \frac{d\theta}{a + \cos\theta} = \frac{2\pi}{\sqrt{a^2 - 1}}, \quad a > 1.$$

【解答】　$z = e^{i\theta}$ とすると $\cos\theta = \frac{z + z^{-1}}{2}$, $d\theta = \frac{dz}{iz}$ であるから,

$$\int_0^{2\pi} \frac{d\theta}{a + \cos\theta} = \int_{|z|=1} \frac{1}{a + \frac{1}{2}(z + z^{-1})} \frac{dz}{iz} = \frac{2}{i} \int_{|z|=1} \frac{dz}{z^2 + 2az + 1}.$$

被積分関数の極は $z^2 + 2az + 1$ の 2 個の零点 $-a \pm \sqrt{a^2 - 1}$ に対応するが, 単位円の内部にあるのは $-a + \sqrt{a^2 - 1}$ である. そして, 点 $z_0 = -a + \sqrt{a^2 - 1}$ における留数は

$$\mathrm{Res}\left(\frac{1}{z^2 + 2az + 1} ; z_0 \right) = \left[\frac{1}{2z + 2a} \right]_{z=z_0} = \frac{1}{2\sqrt{a^2 - 1}}.$$

したがって, 留数定理から

$$\int_0^{2\pi} \frac{d\theta}{a + \cos\theta} = \frac{2}{i} \cdot 2\pi i \cdot \frac{1}{2\sqrt{a^2 - 1}} = \frac{2\pi}{\sqrt{a^2 - 1}}. \qquad \square$$

　一般に, 三角関数が単位円周上の変数 $z = e^{i\theta}$ の関数として,

$$\cos\theta = \frac{e^{i\theta} + e^{-i\theta}}{2} = \frac{z + z^{-1}}{2}, \quad \sin\theta = \frac{e^{i\theta} - e^{-i\theta}}{2i} = \frac{z - z^{-1}}{2i}$$

と表されることから,

$$\int_0^{2\pi} f(\cos\theta, \sin\theta) \, d\theta = \frac{1}{i} \int_{|z|=1} f\left(\frac{z + z^{-1}}{2}, \frac{z - z^{-1}}{2i} \right) \frac{dz}{z}$$

のように有理関数の単位円周上の積分に持ち込む.

問 7　次を求めなさい.

(1)　$\displaystyle\int_0^{2\pi} \frac{\cos\theta}{2+\cos\theta}\,d\theta.$　　(2)　$\displaystyle\int_0^{2\pi} \frac{d\theta}{1+a^2-2a\cos\theta},\quad 0<a<1.$

(3)　$\displaystyle\frac{1}{2\pi}\int_0^{2\pi} \cos^{2n}\theta\,d\theta,\quad n\in\mathbb{Z}_{>0}.$

10.2.5　対数関数と偶関数の積の実軸上の積分

─ 例題 10.7 ───────────────

次を示しなさい.

$$\int_0^\infty \frac{\log x}{x^2+a^2}\,dx = \frac{\pi\log a}{2a},\quad a>0. \tag{10.15}$$

【解答】　例題 10.5 と同じ輪郭線 $C=[-R,-\varepsilon]+C_\varepsilon+[\varepsilon,R]+C_R$ の上の積分

$$I = \int_C \frac{\log z}{z^2+a^2}\,dz$$

を考える. C の内部で被積分関数は単純極 $z=ai$ をもち, $z=ai$ における留数は $\frac{\log a+\pi i}{2ai}$ であるので, 留数定理より

$$I = 2\pi i \times \frac{\log a+\pi i}{2ai} = \frac{\pi\log a}{a} + \frac{\pi^2 i}{2a}. \tag{10.16}$$

一方で,

$$\int_{[-R,-\varepsilon]} \frac{\log z}{z^2+a^2}\,dz = \int_{-R}^{-\varepsilon} \frac{\log|x|+i\pi}{x^2+a^2}\,dx = \int_\varepsilon^R \frac{\log x+i\pi}{x^2+a^2}\,dx,$$

$$\left|\int_{C_\varepsilon} \frac{\log z}{z^2+a^2}\,dz\right| \le \frac{|\log\varepsilon|+\pi}{a^2-\varepsilon^2}\cdot\pi\varepsilon,$$

$$\int_{[\varepsilon,R]} \frac{\log z}{z^2+a^2}\,dz = \int_\varepsilon^R \frac{\log x}{x^2+a^2}\,dx,$$

および

$$\left|\int_{C_R} \frac{\log z}{z^2+a^2}\,dz\right| \le \frac{\log R+\pi}{R^2-a^2}\cdot\pi R$$

より,

$$I \to 2 \int_0^\infty \frac{\log x}{x^2 + a^2} \, dx + \pi i \int_0^\infty \frac{1}{x^2 + a^2} \, dx \quad (\varepsilon \to 0, \ R \to \infty) \quad (10.17)$$

であるから，(10.16) と (10.17) の実部を比較すれば (10.15) を得る．　　　□

注意　最後の段階で虚部の比較をすると

$$\int_0^\infty \frac{1}{x^2 + a^2} \, dx = \frac{\pi}{2a}$$

が得られる．

　実変数 x の関数 $g(x)$ が $g(-x) = g(x)$ をみたすとき，**偶関数** (even function) というが，偶関数 $g(x)$ と非負整数 n に対して，$I_n = \int_0^\infty g(x)(\log x)^n \, dx$ の形の積分を考えるために，$f(z) = g(z)(\log z)^n$ なる関数を考える．まず最初に，区間 $[\varepsilon, R]$ において，$f(z)$ が $f(x)$ と一致しているとする．つまり，$f(z)$ の因子の対数関数 $\log z$ の偏角をゼロと定める．次に，半円弧 C_R を点 $z = R$ から点 $z = -R$ まで進めば，そのときの対数関数の偏角は π であるから，$f(z)$ の区間 $[-R, -\varepsilon]$ における表示は $f(x) = g(x)(\log(-x) + i\pi)^n$ となる．つまり，

$$\int_{[-R,-\varepsilon]} f(z) \, dz = \int_{-R}^{-\varepsilon} g(x)(\log(-x) + i\pi)^n \, dx$$

$$= \int_\varepsilon^R g(x)(\log x + i\pi)^n \, dx$$

である．したがって，C_R 上の積分と C_ε 上の積分が，$R \to \infty$ および $\varepsilon \to 0$ のとき，ゼロに収束すれば，

$$\int_0^\infty g(x)(\log x)^n \, dx + \int_0^\infty g(x)(\log x + i\pi)^n \, dx$$

が留数定理により求められることになる．

問 8　次を求めなさい．

(1)　$\displaystyle \int_0^\infty \frac{\log x}{x^4 + 1} \, dx.$　　　　　　(2)　$\displaystyle \int_0^\infty \frac{(\log x)^2}{x^2 + 1} \, dx.$

(3)　$\displaystyle \int_0^\infty \frac{\log x}{(x^2 + a^2)^2} \, dx, \quad a > 0.$

10.2.6 冪関数と有理関数の積または対数関数と有理関数の積の実軸上の積分

—— 例題 **10.8** ——

次を示しなさい.

$$\int_0^\infty \frac{x^{-a}}{x+1}\,dx = \frac{\pi}{\sin a\pi},\qquad 0 < a < 1. \tag{10.18}$$

【解答】　図のように向きの付いた 2 つの円 C_ε, C_R と向きのついた線分

$$C_+ = \overrightarrow{[\varepsilon,R]},\quad C_- = \overleftarrow{[\varepsilon,R]}$$

からなる閉曲線 $C_+ + C_R + C_- + C_\varepsilon$ の上の積分

$$I = \left(\int_{C_+} + \int_{C_R} + \int_{C_-} + \int_{C_\varepsilon}\right)\frac{z^{-a}}{z+1}\,dz$$

を考える. ただし, z^{-a} の偏角は C_+ において $\arg z = 0$ とし, これに応じて, C_R の始点で $\arg z = 0$, 終点で $\arg z = 2\pi$, C_- において $\arg z = 2\pi$, C_ε の始点で $\arg z = 2\pi$, 終点で $\arg z = 0$ とする.

ここで,

$$\int_{C_+}\frac{z^{-a}}{z+1}\,dz = \int_\varepsilon^R \frac{x^{-a}}{x+1}\,dx,$$

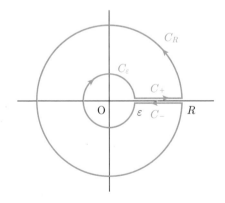

$$\left| \int_{C_R} \frac{z^{-a}}{z+1}\, dz \right| = \left| \int_{C_R} \frac{e^{-a\log z}}{z+1}\, dz \right|$$

$$\leq \frac{R^{-a}}{R-1} \cdot \pi R = \frac{\pi R^{-a}}{1 - R^{-1}} \to 0 \quad (R \to \infty),$$

$$\int_{C_-} \frac{z^{-a}}{z+1}\, dz = \int_{C_-} \frac{e^{-a\log z}}{z+1}\, dz = \int_R^\varepsilon \frac{e^{-a(\log x + 2\pi i)}}{x+1}\, dx$$

$$= -e^{-2a\pi i} \int_\varepsilon^R \frac{x^{-a}}{x+1}\, dx,$$

$$\left| \int_{C_\varepsilon} \frac{z^{-a}}{z+1}\, dz \right| = \left| \int_{C_\varepsilon} \frac{e^{-a\log z}}{z+1}\, dz \right|$$

$$\leq \frac{\varepsilon^{-a}}{1-\varepsilon} \cdot \pi \varepsilon = \frac{\pi \varepsilon^{1-a}}{1-\varepsilon} \to 0 \quad (\varepsilon \to 0)$$

より,

$$I \to (1 - e^{-2a\pi i}) \int_0^\infty \frac{x^{-a}}{x+1}\, dx \quad (\varepsilon \to 0,\ R \to \infty). \tag{10.19}$$

一方, I の被積分関数は $z = -1$ に単純極をもち, その点における留数は

$$\left[z^{-a} \right]_{z=-1} = \left[e^{-a\log z} \right]_{z=-1}$$
$$= \left[e^{-a(\log|z| + i\arg z)} \right]_{z=-1}$$
$$= e^{-ai\pi}$$

であるから, 留数定理より

$$I = 2\pi i \times e^{-ai\pi}. \tag{10.20}$$

(10.19) と (10.20) より,

$$\int_0^\infty \frac{x^{-a}}{x+1}\, dx = \frac{2\pi i}{e^{a\pi i} - e^{-a\pi i}}.$$

これは (10.18) に他ならない.   □

一般に，$\int_0^\infty g(x)\,x^a\,dx$ の形の積分を考えるためには，$f(z) = g(z)\,z^a = g(z)\exp(a\log z)$ なる関数を考える．そして，区間 $C_+ = [\varepsilon, R]$ において $f(z)$ が $f(x)$ と一致しているとき，円弧 C_R を $z = R$ から $z = R$ まで一周すると，区間 $C_- = [\varepsilon, R]$ においては $f(x) = g(x)\exp(a(\log x + 2\pi i)) = e^{2\pi a i}g(x)\,x^a$, $x \in C_-$ となるので

$$\int_{C_-} f(z)\,dz = \int_R^\varepsilon e^{2\pi a i}g(x)\,x^a\,dx = -e^{2\pi a i}\int_\varepsilon^R g(x)\,x^a\,dx.$$

あとは，C_R 上の積分と C_ε 上の積分が，$R \to \infty$ および $\varepsilon \to 0$ のとき，それぞれゼロに収束すれば，

$$(1 - e^{2\pi a i})\int_0^\infty g(x)\,x^a\,dx$$

が留数定理より得られる．

また，$I_n = \int_0^\infty g(x)(\log x)^n\,dx$ について知りたいときは，$f(z) = g(z)(\log z)^n$ を被積分関数として，全く同様な議論をして，C_R 上の積分と C_ε 上の積分が，$R \to \infty$ および $\varepsilon \to 0$ のとき，それぞれゼロに収束すれば，

$$\int_0^\infty g(x)(\log x)^n\,dx - \int_0^\infty g(x)(\log x + 2\pi i)^n\,dx$$

が留数定理より求められる．ところが，$(\log x + 2\pi i)^n$ を二項展開すればわかるように，この式は $I_1, I_2, \ldots, I_{n-1}$ の一次結合であるので，積分 I_m のみたす漸化式が得られたことになる．

問 9　次を求めなさい．

(1) $\displaystyle\int_0^\infty \frac{\log x}{x^3 + 1}\,dx.$　　　　(2) $\displaystyle\int_0^\infty \frac{\log x}{(x+a)(x+b)}\,dx.$

(3) $\displaystyle\int_0^\infty \frac{(\log x)^2}{(x+1)^3}\,dx.$

第 10 章 章末問題

10.1 $f(z) = z^{-n-1}e^{az}$ の積分を用いて，次の積分の値を求めなさい．

$$\int_0^{2\pi} e^{a\cos\theta} \cos(a\sin\theta - n\theta)\,d\theta$$

10.2 $P(z), Q(z)$ を多項式とする．$Q(z)$ は $z_1, \ldots, z_m$ に単純根をもち，$\deg P(z) < \deg Q(z)$ とする．このとき，$\frac{P(z)}{Q(z)}$ の部分分数展開が次のように得られることを示しなさい．

$$\frac{P(z)}{Q(z)} = \sum_{j=1}^m \frac{P(z_j)}{Q'(z_j)} \frac{1}{z - z_j}$$

10.3 区間 (a, b) から 1 点 x_0 を除いて連続な関数 $f(x)$ に対して，

$$\lim_{\varepsilon \to +0} \left(\int_a^{x_0 - \varepsilon} f(x)\,dx + \int_{x_0 + \varepsilon}^b f(x)\,dx \right)$$

が存在するとき，この値を**積分の主値**（principal value of integration）または**コーシーの主値**（Cauchy principal value）といい，p.v. $\int_a^b f(x)\,dx$ や P $\int_a^b f(x)\,dx$ などと表す．不連続点が複数あるときも同様に定義する．これらをふまえて，次の値を求めなさい．

(1) p.v. $\displaystyle\int_{-\infty}^{\infty} \frac{1}{x^3 - 1}\,dx.$ (2) p.v. $\displaystyle\int_{-\infty}^{\infty} \frac{1}{(x^2 + 1)(x - a)}\,dx,\ a \in \mathbb{R}.$

(3) p.v. $\displaystyle\int_{-\infty}^{\infty} \frac{1}{(x - a_1)(x - a_2)(x - a_3)}\,dx = 0, \quad a_1 < a_2 < a_3.$

10.4 $a > 0,\ \omega \in \mathbb{R}\backslash\{0\}$ のとき，次を求めなさい．

(1) $\displaystyle\int_{-\infty}^{\infty} \frac{1}{x^2 + a^2}\,e^{-i\omega x}\,dx.$ (2) $\displaystyle\int_{-\infty}^{\infty} \frac{1}{x^2 - a^2}\,e^{-i\omega x}\,dx.$

(3) $\displaystyle\int_{-\infty}^{\infty} \frac{x}{(x^2 + a^2)^2}\,e^{-i\omega x}\,dx.$

問　題　略　解

● 第3章

3.2 問　(1) 2π　(2) 0

3.4 問　4

3.5 問**1** 2　問**2** $-\frac{17}{9}$　問**3** $\frac{\pi}{2}$　問**4** $\frac{3a^4}{8}$

章末問題

3.1 (1) 例題 3.3 の直前のコメントにあるよう，任意の φ に対して，$\int_C (\nabla \varphi) \cdot d\boldsymbol{r} = 0$ であるから，$\int_C \boldsymbol{r} \cdot d\boldsymbol{r} = \int_C \nabla(|\boldsymbol{r}|^2) \cdot \frac{d\boldsymbol{r}}{2} = 0$.

(2) $\nabla(x\phi) = (\nabla x)\phi + x\nabla\phi = \phi\boldsymbol{i} + x\nabla\phi$ だから，$0 = \int_C \nabla(x\phi) \cdot d\boldsymbol{r} = \int_C \phi\,dx + \int_C x\nabla\phi \cdot d\boldsymbol{r}$ つまり $\int_C \phi\,dx = -\int_C x\nabla\phi \cdot d\boldsymbol{r}$. 同様に $\int_C \phi\,dy = -\int_C y\nabla\phi \cdot d\boldsymbol{r}$ と $\int_C \phi\,dz = -\int_C z\nabla\phi \cdot d\boldsymbol{r}$ であるから，これらをまとめて，$\int_C \phi\,(dx,\,dy,\,dz) = -\int_C (x,\,y,\,z)\nabla\phi \cdot d\boldsymbol{r}$ つまり $\int_C \phi\,d\boldsymbol{r} = -\int_C \boldsymbol{r}(\nabla\phi \cdot d\boldsymbol{r})$.

3.2 $\boldsymbol{A} = (A_1(\boldsymbol{r}),\, A_2(\boldsymbol{r}),\, A_3(\boldsymbol{r}))$ とすると，$0 < \theta_1,\, \theta_2 < L$ なる $\theta_1,\, \theta_2$ が存在して，$\int_C \boldsymbol{A} \cdot d\boldsymbol{r} = \int_0^L A_1(x,0,0)\,dx + \int_0^L A_2(L,y,0)\,dy + \int_L^0 A_1(x,L,0)\,dx + \int_L^0 A_2(0,y,0)\,dy = \int_0^L (A_2(L,y,0) - A_2(0,y,0))\,dy - \int_0^L (A_1(x,L,0) - A_1(x,0,0))\,dx = \int_0^L ((A_2)_x(0,y,0)L + o(L))\,dy - \int_0^L ((A_1)_y(x,0,0)L + o(L))\,dx = ((A_2)_x(0,\theta_2,0) - (A_1)_y(\theta_1,0,0))L^2 + o(L^2)$ であるから，$\lim_{L\to 0} \int_C \boldsymbol{A} \cdot \frac{d\boldsymbol{r}}{L^2} = \left(\frac{\partial(A_2)}{\partial x} - \frac{\partial(A_1)}{\partial y}\right)(0,0,0)$.

3.3 ある点 P で $\boldsymbol{C} := \boldsymbol{A} - \boldsymbol{B} \neq \boldsymbol{0}$ だとすると，$\boldsymbol{C} = (c_1, c_2, c_3)$ の成分のどれかが 0 でないので，例えば，$c_3 > 0$ だとする．このとき，P を含む十分小さな閉領域 V で $c_3 > 0$ であるから，とくに，曲面 S として，点 P を含む xy-平面に平行な面 $z = p_3$ と V との共通部分を選ぶと $\iint_S \boldsymbol{C} \cdot \boldsymbol{n}\,dS = \iint_S c_3(x,y,p_3)\,dxdy > 0$ となって仮定に反する．$c_3 < 0$ としても同様．よって，任意の点で $\boldsymbol{C} = \boldsymbol{0}$.

● 第4章

4.2 問**2** (1) 2π　(2) $-\frac{a^2\pi}{\sqrt{2}}$

4.3 問**2** (4.4) の左辺と右辺それぞれを計算すれば，ともに $3\pi R^2(b-a)$.

問**3** それぞれの方法で計算して，ともに $\frac{3}{2}$.

章末問題

4.1 (1) ストークスの定理から得られる $\int_C \nabla \phi \cdot d\boldsymbol{r} = \iint_S \text{rot}(\nabla \phi) \cdot d\boldsymbol{S}$ に 2.6 節の例を用いる.

(2) ストークスの定理から得られる $\int_C \phi \boldsymbol{A} \cdot d\boldsymbol{r} = \iint_S \text{rot}(\phi \boldsymbol{A}) \cdot d\boldsymbol{S}$ に 2.6 節の問の (2) を用いる.

4.2 (1) 発散定理から得られる $\iint_S (\nabla \times \boldsymbol{A}) \cdot \boldsymbol{n} \, dS = \iiint_V \text{div}\,(\text{rot}\,\boldsymbol{A})\, dV$ に 2.8 節の例を用いる.

(2) 発散定理において $\boldsymbol{A} = (\phi, 0, 0)$ として $\iint_S \phi n_1 \, dS = \iiint_V \phi_x \, dV$. 同様に $\iint_S \phi n_2 \, dS = \iiint_V \phi_y \, dV$ および $\iint_S \phi n_3 \, dS = \iiint_V \phi_z \, dV$. だから $\iint_S \phi \boldsymbol{n} \, dS = \iiint_V \nabla \phi \, dV$.

(3) (2) において $\phi = 1$ とする.

(4) 発散定理から得られる $\iint_S \phi \boldsymbol{A} \cdot \boldsymbol{n} \, dS = \iiint_V \text{div}(\phi \boldsymbol{A}) \, dV$ に 2.7 節の問の (2) を用いる.

4.3 $\text{div}\,\boldsymbol{A} = 0$ ならば発散定理から $\iint_S \boldsymbol{A} \cdot d\boldsymbol{S} = 0$. 一方, ある点 P で $(\text{div}\,\boldsymbol{A})(\text{P}) > 0$ ならば, 点 P を含む十分小さな閉領域 V において $\text{div}\,\boldsymbol{A} > 0$ であるから発散定理を適用して $\iint_{\partial V} \boldsymbol{A} \cdot d\boldsymbol{S} = \iiint_V \text{div}\,\boldsymbol{A} \, dV > 0$. ある点 P で $(\text{div}\,\boldsymbol{A})(\text{P}) < 0$ であっても同様. だから恒等的に $\text{div}\,\boldsymbol{A} = 0$ でなければならない.

4.4 発散定理において $\boldsymbol{A} = f \nabla g$ とした $\iint_S f \nabla g \cdot \boldsymbol{n} \, dS = \iiint_V \text{div}(f \nabla g) \, dV$ に章末問題 2.2 の (1) を用いて (4.5) を得る. さらに, (4.5) の f と g とを交換したものと (4.5) との差から (4.6) を得る.

● **第5章** ▰▰▰▰▰▰▰▰▰▰▰▰▰▰▰▰▰▰▰▰▰▰▰▰▰▰

5.2 C は任意定数とする.

問 1 (1) 一般解は $y = C e^{\frac{x^3}{3}}$. $y = 0$ も特別な場合として, 一般解に含まれている.

(2) 一般解は $y = -\dfrac{3}{x^3 + C}$. $y = 0$ という解は, 一般解において $C \to \infty$ としたものと考えれば, 特殊解に他ならない.

(3) 一般解は $x^2 + y^2 = C$　　(4) 一般解は $y = C|x|^{\frac{1}{2}}$

(5) 一般解は $y = C \dfrac{e^{2x}}{x}$. $y = 0$ も特別な場合として, 一般解に含まれている.

(6) 一般解は $\dfrac{1}{1 + Ce^{-x}}$

問 2 (1) $\log|x + y| + \dfrac{x}{x+y} = C$　　(2) $y = x + C\dfrac{1}{x}$　　(3) $x^2 - 2xy - y^2 = C$

(4) $x^2 \log x^2 + y^2 = Cx^2$　　(5) $x^2 + y^2 = Cy$　　(6) $y^3 = C(x^2 + y^2)$

問 3 (1) 一般解は $y = x - 1 + C e^{-x}$　　(2) 一般解は $y = C \cos x + \sin x$

(3) 一般解は $y = \sin x + \frac{\cos x}{1+x} + C \frac{1}{1+x}$　(4) 一般解は $y = \sin x - 1 + C e^{-\sin x}$

(5) 一般解は $y = \frac{1}{k^2+\omega^2}(k \cos \omega x + \omega \sin \omega x + Ce^{-kx})$

(6) 一般解は $x^2 \log |x| - 2x + Cx^2$

　問 6　(1) 一般解は $-\frac{x^2}{2} + 2x + xy + y - \frac{y^2}{2} = C$

(2) 一般解は $x^3 - x + \frac{y^4}{2} + x \sin y = C$

(3) 一般解は $3x^3 - 3x^2y + 3xy^2 - y^3 = C$

(4) 一般解は $x + \frac{1}{2} \log \frac{y^2}{x^2+y^2} = C$

　問 7　(1) 一般解は $\frac{x^2}{y} + y = C$　(2) 一般解は $xy^2 - 1 = C\,xy$

(3) 一般解は $e^x\{(x-1)\sin y + y \cos y\} = C$

(4) 一般解は $2x^2y^2 - y^4 + 2y^2 = C$

　問 8　(1) 一般解は $y^{-4} = x + C\,x^2$　(2) 一般解は $y^{-2} = x + \frac{1}{2} + C\,e^{2x}$

(3) 一般解は $\frac{e^{-x}}{C-x}$　(4) 一般解は $y^2 = \frac{e^{x^2}}{C+2x}$

章末問題

　5.1　(1) $yy' = x(y')^2 + 1$　(2) $x^2 - y^2 + 2xyy' = 0$　(3) $xy' = 2y$

　5.2　(1) $y'' - 2y' + y = 0$　(2) $y''y = (y')^2 \log \left|\frac{y''}{y'}\right|$

(3) $(1+y^2)y'' = 2y(y')^2$　(4) $(y')^2 + yy'' + 2y^2(y')^2 = 0$

(5) $y'' - 2py' + (p^2 + q^2)y = 0$

　5.3　方程式の一般解は C_1, C_2 を任意定数として，$y(x) = \frac{a}{b} \frac{C_1}{C_1 + C_2 e^{-ax}}$ であり，$y(0) = 0$ となるのは $C_1 = 0$ の場合で $y(x) = 0$ $(0 \leq x < +\infty)$. $y(0) = y_0 > 0$ のときは $y(x) = \left(\frac{1}{y_0} e^{-ax} + \frac{b}{a}(1 - e^{-ax})\right)^{-1}$ であって，$y(x) \to \frac{a}{b}$ $(x \to +\infty)$.

● 第 6 章

　6.2　**問**　(1) $\{e^x,\ e^{-x}\}$

(2) $\{e^{-x}\cos(\sqrt{2}x),\ e^{-x}\sin(\sqrt{2}x)\}$

(3) $\{e^{2x},\ e^{-2x}\}$

　6.3　**問 2**　c_1, c_2 は任意定数とする.

(1) 一般解は $\left(c_1 + c_2 x + \frac{x^2}{2}\right)e^{2x}$

(2) 一般解は $c_1 \cos x + c_2 \sin x + \frac{1}{2}x \sin x$

(3) 一般解は $\frac{e^x(4\cos x + 7\sin x)}{65} + c_1 e^{3x}\cos 2x + c_2 e^{3x}\sin 2x$

(4) 一般解は

$$c_1 e^x \cos 2x + c_2 e^x \sin 2x + \frac{1}{4}xe^x \sin 2x = e^x\left\{c_1 \cos 2x + \left(c_2 + \frac{x}{4}\right)\sin 2x\right\}$$

(5) 一般解は $c_1 e^{2x} + c_2 e^{3x} + 2e^x + x e^{2x} = (c_1 + x)e^{2x} + c_2 e^{3x} + 2e^x$

(6) 一般解は $e^{-x}(c_1 \cos x + c_2 \sin x) + \dfrac{e^{-2x}(x+1)}{2}$

(7) 一般解は $e^{-x}\left(c_1 \cos 2x + c_2 \sin 2x + \dfrac{x \cos x}{3} + \dfrac{2 \sin x}{9}\right)$

6.4 問　c_1, c_2 は任意定数とする.

(1) 一般解は $c_1 x^3 + \dfrac{c_2}{x^2}$ 　(2) 一般解は $(c_1 + c_2 \log x)x$

(3) 一般解は $y = c_1 x^{-3} + c_2 x^2 - x\left(\dfrac{\log x}{4} + \dfrac{3}{16}\right)$

(4) 一般解は $c_1 x + \dfrac{c_2}{x} + \left(\dfrac{1}{2}\log x - \dfrac{1}{4}\right)$

(5) 一般解は $c_1 x^2 + \dfrac{c_2}{x^2} - \dfrac{x}{3}$

(6) 一般解は $x(c_1 \log x + c_2) + \log x + 2$

6.5　c_1, c_2 は任意定数とする.

問 1　(1) 一般解は $y = (c_1 + \log|\cos x|)\cos x + (c_2 + x)\sin x$

(2) 一般解は $y = c_1 e^{-x} + c_2 e^{-2x} + (e^{-x} + e^{-2x})\log(e^x + 1)$

問 3　一般解は $y = c_1 e^x + c_2\, x^2 e^x$

問 4　一般解は $y = c_1 \dfrac{\sin x}{x} + c_2 \dfrac{\cos x}{x}$

6.6　c_1, c_2 は任意定数とする.

問 1　$x = c_1 e^{3t} + c_2 e^{-t} + 2e^t,\ y = \frac{1}{2}c_1 e^{3t} - \frac{1}{2}c_2 e^{-t} - \frac{1}{4}e^t.$

問 2　一般解は $x = e^t(c_1 \cos t + c_2 \sin t) + \sin t,\ y = e^t(c_2 \cos t - c_1 \sin t) + \cos t$

問 3　一般解は $x = (c_1 t + c_2)e^t + (c_3 t + c_4)e^{-t} - 26, y = \frac{1}{2}(c_1 - c_2 - c_1 t)e^t - \frac{1}{2}(c_3 + c_4 + c_3 t)e^{-t} + 20$

章末問題

6.1　$\dfrac{d}{dx}W(y_1, y_2) = \dfrac{d}{dx}\begin{vmatrix} y_1 & y_2 \\ y_1' & y_2' \end{vmatrix} = \begin{vmatrix} y_1 & y_2 \\ y_1'' & y_2'' \end{vmatrix}$

$= \begin{vmatrix} y_1 & y_2 \\ -py_1' + qy_1 & -py_2' + qy_2 \end{vmatrix} = \begin{vmatrix} y_1 & y_2 \\ -py_1' & -py_2' \end{vmatrix}$

$= -p(x)W(y_1, y_2)$

であって，これを解いたものが示すべきもの.

6.2　(1) $\lambda < 0$ のとき, 方程式の一般解は $y = c_1 e^{\sqrt{-\lambda}\,x} + c_2 e^{-\sqrt{-\lambda}\,x}$ であり, 初期条件 $y(0) = c_1 + c_2 = 0,\ y(1) = c_1 e^{\sqrt{-\lambda}} + c_2 e^{-\sqrt{-\lambda}} = 0$ をみたすものは $c_1 = c_2 = 0$ より $y(x) = 0$. $\lambda = 0$ のときの一般解は $y = c_1 + c_2 x$ であって初期条件をみたす解は $y(x) = 0$.

(2) 方程式の一般解は $y = c_1 \cos(\sqrt{\lambda}\,x) + c_2 \sin(\sqrt{\lambda}\,x)$ であり, 初期条件 $y(0) = c_1 = 0,\ y(1) = c_1 \cos(\sqrt{\lambda}) + c_2 \sin(\sqrt{\lambda}) = 0$ は $\sqrt{\lambda} = n\pi\ (n \in \mathbb{Z})$ つまり

$\lambda = n^2\pi^2$ $(n \in \mathbb{Z})$ に等しく，このとき，$y = c_2\sin(n\pi x)$ $(n \in \mathbb{Z})$ なる解がある．

6.3　$c_1, c_2, \delta_1, \delta_2$ を任意定数，$\omega_1 = \sqrt{\frac{1}{LC}}$，$\omega_2 = \sqrt{\frac{3}{LC}}$ として，$I_1 = c_1\cos(\omega_1 t + \delta_1) + c_2\cos(\omega_2 t + \delta_2)$，$I_2 = c_1\cos(\omega_1 t + \delta_1) - c_2\cos(\omega_2 t + \delta_2)$．

6.4　c_1, c_2, c_3 を任意定数として，$x = 4c_1 + c_2 e^{-3t} + c_3 t e^{-3t}$，$y = 4c_1 - 2c_2 e^{-3t} + c_3(1-2t)e^{-3t}$，$z = c_1 + c_2 e^{-3t} + c_3(t-1)e^{-3t}$．

● 第7章

7.2　問　(7.3) に P_m を掛けた式から，その式の m と n とを入れ換えたものの差を考えることによって $\{(1-x^2)(P_n'P_m - P_m'P_n)\}' + (n-m)(n+m+1)P_nP_m = 0$ を導き，両辺の積分を考えると，$(n-m)(n+m+1)\int_{-1}^{1}P_n(x)P_m(x)\,dx = 0$ だから $\int_{-1}^{1}P_n(x)P_m(x)\,dx = 0$ $(m \neq n)$．一方，(7.8) と部分積分の繰り返しによれば $\int_{-1}^{1}(P_n(x))^2\,dx = (-1)^n\frac{1}{2^{2n}(n!)^2}\int_{-1}^{1}(x^2-1)^n\frac{d^{2n}(x^2-1)^n}{dx^{2n}}\,dx$ だから，これに $\frac{d^{2n}(x^2-1)^n}{dx^{2n}} = (2n)!$ と $\int_{-1}^{1}(1-x^2)^n\,dx = 2\int_0^{\frac{\pi}{2}}\cos^{2n+1}\theta\,d\theta = \frac{2^{2n}(n!)^2}{(2n)!}\frac{2}{2n+1}$ を用いれば，$\int_{-1}^{1}(P_n(x))^2\,dx = \frac{2}{2n+1}$．

章末問題

7.1　2 項定理より，$(1 - 2xt + t^2)^{-\frac{1}{2}} = \sum_{l \geq 0}\frac{(\frac{1}{2})_l}{l!}(2xt - t^2)^l = \sum_{l \geq 0}\frac{(2l)!}{2^{2l}(l!)^2}t^l\{\sum_{k=0}^{l}\binom{l}{k}(2x)^{l-k}(-t)^k\} = \sum_{l \geq 0}\sum_{k=0}^{l}\frac{(2l)!(-1)^k}{2^{l+k}\,l!\,k!\,(l-k)!} \times x^{k-l}t^{l+k} = \sum_{n \geq 0}\sum_{\substack{l+k=n \\ l \geq k}}\frac{(2l)!(-1)^k}{2^n\,l!\,k!\,(l-k)!}x^{l-k}t^n = \sum_{n \geq 0}\sum_{k=0}^{[\frac{n}{2}]}\frac{(2n-2l)!(-1)^k}{2^n\,(n-k)!\,k!\,(n-2k)!}x^{n-2k}t^n$ であるから，これに表示 (7.6) を用いる．

7.2　前問 7.1 における母関数表示を t で微分して得られる等式の両辺に $(1-2xt+t^2)$ を掛けると $(x-t)\sum_{n \geq 0}P_n(x)\,t^n = (1-2xt+t^2)\sum_{n \geq 0}(n+1)P_{n+1}(x)t^n$ であり，t^n $(n \geq 1)$ の係数を比較すると第一式が得られ，定数項を比較すると第二式が得られる．

● 第8章

8.1　問 3　(1) $e^{-\frac{\pi}{2}i}$　(2) $\sqrt{2}\,e^{-\frac{\pi}{4}i}$　(3) $2\,e^{\frac{\pi}{4}i}$　(4) $2\,e^{-\frac{\pi}{6}i}$　(5) $4\,e^{-\frac{\pi}{3}i}$

問 4　(1) $z = \frac{a(\pm1\pm i)}{\sqrt{2}}$ の 4 個

(2) $\frac{a(\sqrt{3}+i)}{2}$, ai, $\frac{a(-\sqrt{3}+i)}{2}$, $\frac{a(-\sqrt{3}-i)}{2}$, $-ai$, $\frac{a(\sqrt{3}-i)}{2}$

8.2　問 6　(1) $(2n - \frac{1}{2})\pi i$, $n \in \mathbb{Z}$　(2) $\frac{1}{2}\log_e 2 + (2n + \frac{1}{4})\pi i$, $n \in \mathbb{Z}$

(3) $\log_e 2 + i(\frac{\pi}{3} + 2n\pi)$, $n \in \mathbb{Z}$

問 7　(1) $\exp\left(-\frac{\pi}{4} + 2n\pi\right)\left\{\cos\left(\log_e \sqrt{2}\right) + i\sin\left(\log_e \sqrt{2}\right)\right\}$, $n \in \mathbb{Z}$

(2) $\cos\left\{\sqrt{3}\left(\frac{\pi}{2} + 2n\pi\right)\right\} + i\sin\left\{\sqrt{3}\left(\frac{\pi}{2} + 2n\pi\right)\right\}$, $n \in \mathbb{Z}$

(3) $\exp(-2n\pi)\left\{\cos\left(\log_e 2\right) + i\sin\left(\log_e 2\right)\right\}$, $n \in \mathbb{Z}$

章末問題

8.1　$|z| \le 1$ とすると，$|z^3 + 2z| \le |z|^3 + 2|z| \le 3$ だから，$z^3 + 2z + 4 \ne 0$.

8.2　$|1 - \bar{\alpha}\beta|^2 - |\alpha - \beta|^2 = (1 - |\alpha|)(1 - |\beta|^2) > 0$

8.4　8.2.4 項における $\mathbb{C}_{(m)}$ を用いれば，$\sqrt{z}\,|_{\mathbb{C}_{(m)}} = \sqrt{z}_{(m)}$ $(m = 0, 1)$ が $\sqrt{z}$ の 2 つの分枝であり，m を $\mathrm{mod}\,2$ で考えて張り合わせた $\mathbb{C}_{(0)} \cup \mathbb{C}_{(1)}$ が $\sqrt{z}$ のリーマン面となる.

8.5　$\frac{\pi}{2} + 2n\pi \pm i \log_e(2 + \sqrt{3})$ $(n \in \mathbb{Z})$

● 第 9 章

9.1　**問 1**　$\frac{(z+h)^n - z^n}{h} = \sum_{j=1}^{n} \binom{n}{j} z^{n-j} h^{j-1} \to \binom{n}{1} z^{n-1}$ $(h \to 0)$

問 2　$\frac{f(z+h) - f(z)}{h} = \frac{\bar{h}}{h}$ は，h が実数であれば 1 なのに，h が純虚数であれば -1 となるからである.

章末問題

9.1　D の中の固定した点 z_0 と任意の点 z とを D 内の折れ線で結び $z_0, z_1, \ldots, z_n = z$ をその頂点とする. 実関数に関する平均値の定理を f の実部と虚部それぞれに適用すれば，線分 $\overline{z_j z_{j+1}}$ の上の 2 点 ξ_j, η_j を選ぶことによって $f(z_{j+1}) - f(z_j) = (z_{j+1} - z_j)\{\mathrm{Re}\,f'(\xi_j) + i\,\mathrm{Im}\,f'(\eta_j)\}$ となる. 仮定によれば，この右辺は 0 であるから，辺々を $j = 0, \ldots, n-1$ について加えると $f(z) - f(z_0) = 0$ つまり $f(z) = f(z_0)$ である.

9.2　$f = u + iv$ とおくと $|f|^2 = u^2 + v^2 = k$ であるが，$k = 0$ ならば $u = v = 0$ であるから $k > 0$ とするが，$u u_x + v v_x = 0$, $u u_y + v v_y = 0$ つまり $\begin{pmatrix} u_x & v_x \\ u_y & v_y \end{pmatrix}\begin{pmatrix} u \\ v \end{pmatrix} = \begin{pmatrix} 0 \\ 0 \end{pmatrix}$ において係数行列が非退化であると $(u, v) = (0, 0)$ となって矛盾するので, 係数行列の行列式 $u_x v_y - v_x u_y = u_x^2 + v_x^2 = |f'(z)|^2 = 0$ つまり $f'(z) = 0$ となり，あとは前問 9.1 の結果を用いる.

9.3　分母が 0 になるのは点 $z = \frac{1}{a}$ であるが, 仮定より $\left|\frac{1}{a}\right| > 1$ であるから，$|z| < 1$ において関数 $w(z)$ は正則. 一方，$|z| = 1$ であれば，$|a - z| = |a\bar{z} - z\bar{z}| = |a\bar{z} - 1| = |1 - az|$ であるから，$|w(z)| = 1$. そして，$|az| < 1$ つまり $|z| < \frac{1}{a}$ において，$\frac{a-z}{1-az} = (a - z)\sum_{j\ge 0}(az)^j = a + \sum_{j\ge 1}(a^2 - 1)a^{j-1}z^j$.

● 第 10 章

10.1 問 (1) $\frac{1}{8}(z-1)^{-3} + \frac{1}{16}(z-1)^{-2} - \frac{1}{16}(z-1)^{-1}$
(2) $z^{-3} - \frac{1}{3}z^{-1}$

10.2 問 1 $\frac{\omega^k}{n}$ **問 2** $-\frac{i}{4}$

問 3 (1) $\frac{\pi}{\sqrt{2}\,a}$ (2) $\frac{\pi}{2}$ (3) $\frac{2\pi(2n-2)!}{(2a)^{2n-1}((n-1)!)^2}$

問 4 (1) $\frac{\pi}{\sqrt{2}}\,e^{-\frac{a}{\sqrt{2}}}\left(\cos\frac{a}{\sqrt{2}} + \sin\frac{a}{\sqrt{2}}\right)$ (2) $\frac{2\pi}{\sqrt{3}}\,e^{-\frac{\sqrt{3}\,a}{2}}\sin\left(\frac{a}{2} + \frac{\pi}{6}\right)$
(3) $\frac{\pi\,(e-1)}{3e^2}$

問 6 (1) $\pi\,e^{-a}\cos a$ (2) $\frac{\pi}{2\,e}$ (3) $\pi\,e^{-1}(\sin 2 - \cos 2)$

問 7 (1) $2\pi\left(1 - \frac{2}{\sqrt{3}}\right)$ (2) $\frac{2\pi}{1-a^2}$ (3) $\frac{(2n)!}{2^{2n}(n!)^2}$

問 8 (1) $-\frac{\pi^2}{8\sqrt{2}}$ (2) $\frac{\pi^3}{8}$ (3) $\frac{\pi(\log a-1)}{4a^3}$

問 9 (1) $-\frac{2\pi^2}{27}$ (2) $\frac{(\log_e a)^2 - (\log_e b)^2}{2(a-b)}$ (3) $\frac{\pi^2}{6}$

章末問題

10.1 $\frac{2\pi\,a^n}{n!}$

10.3 (1) $-\frac{\pi}{\sqrt{3}}$ (2) $-\frac{\pi a}{a^2+1}$ (3) 0

10.4 (1) $\frac{\pi}{a}e^{-|\omega|a}$ (2) $-\frac{\pi}{a}\sin(|\omega|a)$ (3) $-\frac{\pi\,i\omega}{2a}e^{-|\omega|a}$

索　引

著者略歴

三 町 勝 久
み まち かつ ひさ

1988 年　名古屋大学大学院理学研究科博士課程前期課程修了，
　　　　 名古屋大学理学部助手，九州大学理学部助教授，
　　　　 九州大学大学院数理学研究科助教授，
　　　　 東京工業大学大学院理工学研究科教授を経て，
現　　在　大阪大学大学院情報科学研究科教授
　　　　 博士（理学）

主 要 著 書
『群論の進化』
　　（堀田良之，渡辺敬一，庄司俊明氏と共著，朝倉書店）
『微分積分講義』（日本評論社）

ライブラリ 新数学基礎テキスト＝Q4
レクチャー 応用解析
—— 微分積分学の展開 ——

2021 年 8 月 25 日 © 　　　　　　　　　初 版 発 行

著　者　三 町 勝 久　　　　発行者　森 平 敏 孝
　　　　　　　　　　　　　　印刷者　馬 場 信 幸
　　　　　　　　　　　　　　製本者　小 西 惠 介

発行所　　株式会社 サイエンス社

〒 151–0051 東京都渋谷区千駄ヶ谷 1 丁目 3 番 25 号
営業 ☎ (03) 5474–8500 (代)　振替 00170–7–2387
編集 ☎ (03) 5474–8600 (代)
FAX ☎ (03) 5474–8900

印刷　三美印刷(株)　　　製本　(株)ブックアート

《検印省略》

サイエンス社のホームページのご案内
https://www.saiensu.co.jp
ご意見・ご要望は
rikei@saiensu.co.jp　まで.

ISBN978-4-7819-1520-3
PRINTED IN JAPAN

═══ 新・演習数学ライブラリ ═══

演習と応用 **線形代数**
寺田・木村共著　2色刷・Ａ5・本体1700円

演習と応用 **微分積分**
寺田・坂田共著　2色刷・Ａ5・本体1700円

演習と応用 **微分方程式**
寺田・坂田・曽布川共著　2色刷・Ａ5・本体1800円

演習と応用 **関数論**
寺田・田中共著　2色刷・Ａ5・本体1600円

演習と応用 **ベクトル解析**
寺田・福田共著　2色刷・Ａ5・本体1700円

＊表示価格は全て税抜きです.

═══ サイエンス社 ═══